엄마가 만드는 안심 쿠키 60가지

과자로부터 내 아이를 지킨다!

엄마가 만드는
안심 쿠키
60가지

초판 1쇄 발행 2006년 9월 11일   초판 7쇄 발행 2010년 2월 10일

글 · 요리 문현주   펴낸이 김태영   기획 송윤섭

비즈니스 2파트_파트장 김태영
기획편집 5분사   책임편집 박희영
1팀_이혜경 이주연 윤지현   2팀_배재성 구성희 김숙영   디자인 전성연 김지선
마케팅 분사_부분사장 정덕식   마케팅 이희태 정주열
제작 이재승 송현주

펴낸곳 (주)위즈덤하우스   출판등록 2000년 5월 23일 제13-1071호
주소 서울시 마포구 도화1동 22번지 창강빌딩 15층
전화 (02)704-3861   팩스 (02)704-3891
전자우편 scola@wisdomhouse.co.kr   홈페이지 www.wisdomhouse.co.kr
출력 으뜸프로세스   종이 화인페이퍼   인쇄 프린팅하우스   제본 세원제책

ⓒ문현주, 남윤중 2006
ISBN 978-89-958540-0-6 13590

WISDOM HOUSE 예가람

쿠키를 구우면 행복의 향기가 난다

내가 처음 홈베이킹에 관심을 갖게 된 것은 남편을 따라 미국에 갔을 때 만난 캐럴 부인 덕분이다.

모든 것이 낯선 그곳에서 나는 남편을 통해 항공학과 교수로 계시다 은퇴하신 한 노교수 부부를 알게 되었다. 두 분은 마치 우리가 어릴 때 보았던 미국 드라마 〈월튼네 가족〉에 나오는 분들 같았다. 특히 자상한 분위기의 캐럴 부인은 나처럼 외국에서 온 여자들을 모아 영어도 가르쳐 주고 성경공부도 하는 작은 모임을 만들어 활동하셨는데, 나도 자연스럽게 그 모임에 참석하게 되었다.

캐럴 부인의 모임에는 특이한 점이 하나 있었다. 모임에서 공부만 하는 것이 아니라 미국 요리와 쿠키 굽는 법을 가르쳐 주었던 것이다. 주로 쿠키 굽는 법을 알려 주었는데, 혼자서 재료 준비를 다 해 놓고 우리가 가면 레시피를 주면서 직접 하나하나 만드는 과정을 상세히 설명해 주었다. 공부를 끝내고 나면 향긋한 차 한 잔과 함께 맛있게 구워진 쿠키를 먹었다. 이런 과정이 반복되면서 나는 쿠키의 매력에 흠뻑 빠져들게 되었다. 어쩌면 여유롭고 행복한 표정으로 쿠키를 굽는 캐럴 부인의 모습에 반했는지도 모르겠다.

캐럴 부인은 정말 내게 너무나도 많은 것을 가르쳐 주었다. 요리와 베이킹은 물론 주위 사람들을 사랑하는 법, 배려하는 법, 가족간에 서로 사랑하는 법 등등.

한국에 돌아온 난 쿠키를 본격적으로 배우기로 했다. 시간 나는 대로 학원을 다니고, 책을 보고 연구하며, 가족들을 상대로 실습도 했다. 그러자 차츰차츰 실력이 늘고 자신이 붙었다. 그 후로 어느 모임을 가든 직접 구운 쿠키를 들고 다니게 되었다. 내가 만든 쿠키를 자랑하고 싶기도 했고 쿠키를 받아들고 어린애처럼 즐거워하는 사람들을 보는 것도 행복했다.

그러던 중 아이들 엄마 모임에서 쿠키 굽는 법을 가르쳐 달라는 부탁을 받고 홈베이킹 강의를 시작하게 되었다. 한때 교사로 근무한 적이 있던 나는 다시 누군가를 가르치는 일이 정말 재미있었다.

그런데 이런 과정을 통해 내가 또 하나 알게 된 것은 아이들이 쿠키 만드는 것을 매우 좋아한다는 것이었다. 엄마를 따라온 몇몇 아이들을 지켜보면서 깨닫게 되었는데, 아이들은 처음에는 주뼛거리기도 했지만 시간이 지나자 누구보다도 열심이었다. 엄마들은 레시피를 따라 하느라고 정신이 없는데 아이들은 달랐다. 저마다 반죽을 조몰락거리면서 레시피와는 다르게 갖가지 모양을 만들며 노는데 어른들은 전혀 생각하지 못한 희한한 모양을 만들어 내는 것이 아닌가? 이것을 보며 아이들 창의력 교육에는 쿠키 만들기만 한 것이 없겠다는 생각을 하게 되었다.

이 책《과자로부터 내 아이를 지킨다! 엄마가 만드는 안심 쿠키 60가지》는 내가 그동안 수강생들과 함께 만들었던 쿠키 중 누구든지 레시피만 보고도 쉽게 만들 수 있는 종류를 한데 모아 엮은 것이다. 이 책을 준비하면서 나름 그동안 시행착오를 겪으며 알게 된 노하우를 될 수 있는 한 많이 실으려 노력했다.

또한 아이들과 함께 할 수 있는 레시피를 많이 골랐다. 여기에 실린 레시피들은 일부 뜨거운 것을 사용하거나 칼로 써는 일 이외에는 아이들도 충분히 따라 할 수 있는 것들이다. 부디 여러분도 아이들과 함께 쿠키를 만들면서 집안을 달콤하고 행복한 향기로 가득 채우길 바란다.

끝으로 나에게 행복하게 사는 법을 가르쳐 준 캐럴 부인에게 고마운 인사를 전한다.

또한 비전문가이지만 열심히 배워 소박한 솜씨로 나의 홈페이지를 직접 만들어준 나의 사랑하는 남편 김태윤과 나의 아들 준현, 재현에게 마음으로부터 감사를 전한다.

2006년

쿠키 아줌마 문현주

contents

01 슈퍼마켓에서 파는 과자를 집에서 만들어요
아이들이 좋아하고, 첨가제와 방부제가 전혀 없는 안심 쿠키

02 어른들도 좋아하고 건강도 함께 챙기는 웰빙 쿠키
어른들도 쿠키를 좋아한다는 사실, 알고 계셨나요?

03 바쁜 아침, 가족에게 건강과 행복을 선물하세요
아침 먹기 싫어하는 남편과 아이들에게 사랑과 건강을 듬뿍 주세요

04 집에서 구운 쿠키로 생일 파티를 열자
알록달록 달콤새콤한 쿠키로 차리는 특별한 생일파티

05 아이와 함께 만들면 더욱 재미있어요
오물락조물락 쿠키 만드는 일은 아이들에겐 정말 환상적인 놀이랍니다

06 나른한 오후, 상큼한 쿠키와 함께 나만의 시간을 갖자

혼자서 테이블에 앉아 마시는 차 한 잔과 쿠키 한 접시가 나를 행복하게 해요

오븐

쿠키나 케이크를 구울 때 사용하는 가장 중요한 도구. 오븐에는 가스 오븐과 전기 오븐이 있다. 보통 집에서 많이 사용하는 것은 가스 오븐이다. 그러나 요즘은 전기 오븐이 대중화되어 대형마트나 홈쇼핑에서 15만 원 정도면 살 수 있다. 전기 오븐은 가스 오븐에 비해 값도 싸고 크기도 작아 집에서 간단한 베이킹을 하는 데 적당하다. 집에 가스 오븐이 있으면 그것을 이용하고, 만일 새로 구입해야 한다면 전기 오븐을 구입하는 것이 좋다.

거품기

달걀 거품 낼 때나 버터를 크림처럼 만들 때, 혹은 재료를 섞을 때 사용한다. 거품기는 전기 모터를 이용한 핸드믹서와 손힘을 이용하는 수동 거품기가 있다. 핸드믹서는 와트가 높을수록 힘이 좋다. 핸드믹서는 거품기의 날개를 교환할 수 있도록 되어 있으며, 납작한 날개가 2개 달린 것은 거품 낼 때 쓰고 날개 모양이 칼날처럼 삐죽하게 생긴 것은 파이 반죽같이 반죽을 빵가루 모양으로 보슬보슬하게 만들 때 사용한다.
어느 집이나 하나씩은 가지고 있는 수동 거품기도 사용하는 데 아무 문제가 없다. 단지 시간과 힘이 조금 더 들 뿐이므로 전기 거품기가 없다고 포기하진 말자.

푸드 프로세서

일명 '커터기'라고 하며 보슬보슬한 반죽이 필요한 파이 반죽이나 바쿠키의 시트 반죽을 할 때 사용한다. 사용 시 스위치를 계속 켜 놓지 말고 살짝살짝 켰다 껐다를 반복한다(커터기가 없을 때는 스크레이퍼를 이용해 다지듯이 잘라 주며 반죽하면 된다).

볼

재료를 섞거나 반죽할 때, 달걀 거품을 내거나 버터를 크림으로 만들 때 사용한다. 보통 스테인리스 재질이 좋고 크기는 지름 25㎝ 정도의 것이면 충분하다.

밀대

반죽을 평평하게 밀 때 사용하는 도구. 나무로 만든 것이 좋으며 지름 4㎝ 정도인 것이 편리하다.

저울

바늘이 움직이는 아날로그 방식의 저울과 숫자로 표시되는 디지털 방식의 저울이 있다. 아날로그 방식은 값이 싼 반면 정확한 눈금 측정이 어렵고 특히 적은 양은 측정하기 어렵다. 이미 아날로그 저울을 가지고 있다면 그대로 사용하고 처음으로 저울을 구입한다면 디지털 저울을 사는 것이 좋다. 디지털 저울은 측정 단위가 1g으로 표시되는 것을 산다. 최대 2㎏까지 측정되는 것으로 구입하면 더욱 좋다.

체

가루 재료를 일정한 크기로 걸러 주거나 섞어 주는 역할을 하는 기구. 눈이 가는 체와 약간 굵은 체를 따로 준비한다. 체를 치는 것은 밀가루 사이에 공기를 넣어 반죽을 가볍게 만들어 주는 의미도 있으므로 항상 2번 이상 체를 친다.

식힘망

완성된 쿠키나 시트를 식힐 때 사용하는 도구. 쿠키가 다 구워지면 특별한 경우 외에는 오븐에서 꺼내자마자 빨리 식히는 것이 맛을 좋게 한다. 이때 쟁반같이 바닥이 평평한 데다 식히면 쿠키의 아랫면이 바닥에 딱 붙게 되어 그 부분이 습기 차고 눅눅해질 수 있다. 이럴 때 식힘망을 사용하면 아래쪽에도 공기가 통해 쿠키의 맛이 더욱 좋아진다 (식힘망이 없을 때는 식히

는 도중 쿠키의 위치를 몇 번 바꾸어 주어
밑이 들러붙지 않게 하면 된다).

실리콘 페이퍼
쿠키나 케이크를 구울 때 밑에 까는 도구.
버터 칠을 하지 않아도 들러붙지 않고, 열
에 강해서 쿠키 팬에 깔아 사용하면 쿠키
나 케이크가 잘 떨어진다. 반죽을 밀 때도
반죽 위 아래에 실리콘 페이퍼를 깔면 들
러붙지 않는다.

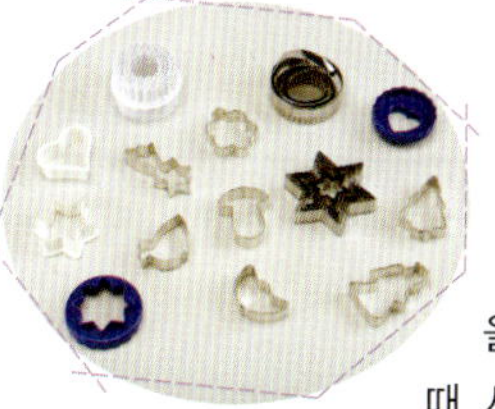

쿠키 커터
반죽을 밀어 모양
을 내는 쿠키를 만들
때 사용하는 커팅 도구.
여러 가지 모양이 있어 아이들과 함께 골
라서 사용하면 재미있다.

채칼
레몬이나 오렌지 껍질을 깎을 때 쓰는 도
구. 재료를 가늘게 썰 때도 사용한다.

계량컵
재료를 부피로 잴 때 사용하는 도구. 가루
재료는 위를 반듯하게 깎아 재고, 액체 재
료는 옆면에 새겨진 눈금을 확인해 잰다

(쉽게 구할 수 있는 우유팩을 재활용해도
된다).

계량스푼
적은 양의 재료를
잴 때 사용한다.
큰술은 15cc, 작
은술은 5cc이다
(계량스푼이 없을 때는 아이들 시럽
약에 들어 있는 플라스틱 스푼을 사용해
도 된다).

스크레이퍼
반죽을 여러 덩
이로 나누거
나 쿠키 또는
파이의 반죽을 잘
게 자르듯이 섞을 때 사용
하는 도구. 버터를 밀가루 안에
서 잘게 조각 낼 때 혹은 반죽 위를 평평
하게 할 때도 편리하다.

일회용 머핀 컵
머핀을 만들 때 머핀 틀에 하
나씩 넣어 사용하면 꺼낼 때
달라붙지 않아서 좋다.

알뜰주걱
반죽을 섞거나 그릇에서 긁어 낼 때 사용
하는 도구. 열에 강한 실리콘 재질로 된
것을 구입하는 것이 좋다.

붓
쿠키에 시럽이나 달걀 등을 바를 때 사용
한다. 또 쿠키 팬이나 틀에 버터를 바를
때도 편리하다. 너무 크지 않은 적당한 크
기의 것을 준비한다.

케이크 틀
원형이나 사각
형, 머핀형
등의 여
러 모양이
있으며 쿠
키나 케이크를 구울
때 사용한다. 코팅이 잘되어 있는
팬을 구입하도록 한다. 실리콘으로 된 틀
은 버터를 바르지 않아도 반죽이 달라붙
지 않아 편리하다.
유산지로 만들어진 일회용 틀이나
김밥용 알루미
늄 도시락을
이용해서 만
들다가 많이
사용할 만한 틀
을 구입하는 것이
좋다.

밀가루

밀가루는 가장 기본으로 쓰이는 재료이며 성질에 따라 다음과 같이 나뉜다.

1. 강력분 : 글루텐 함량이 많아 반죽이 차지며 이스트 넣는 식빵류, 스파게티와 같은 쫄깃한 파스타 종류에 사용한다. 쿠키나 빵 만들 때는 덧가루로 많이 쓴다.
2. 중력분 : 머핀이나 바삭거리는 맛보다는 탄력 있는 느낌의 쿠키를 만들 때 사용한다. 박력분으로 대체해서 사용해도 괜찮다.
3. 박력분 : 글루텐 함량이 적어 바삭거리고 부서지는 느낌의 쿠키를 만들 때 사용한다. 반죽은 될 수 있는 한 살짝 하는 것이 글루텐의 형성을 막아 더욱 바삭한 맛을 내게 한다.

아몬드가루

견과류인 아몬드를 갈아 놓은 것. 아몬드는 꽤 단단하기 때문에 통아몬드를 집에서 슬라이스나 가루로 만들기가 곤란하므로 가루로 된 것을 사다가 냉동 보관하여 쓴다.

코코아가루

일반적으로 집에서 우유에 타 먹는 코코아가 아니고 단맛이 전혀 없으며 색도 진하고 씁쓸한 맛의 가루이다.

옥수수가루

옥수수를 말려 갈아 놓은 것으로 노란색을 띤다.

옥수수전분

옥수수에 들어 있는 탄수화물을 추출해 놓은 것으로 하얀색이고 아주 가볍다. 중국 요리에는 주로 무거운 감자전분을 쓰고 베이킹에는 가벼운 옥수수전분을 사용한다.

무염 버터

소금을 첨가하지 않은 버터로 제과제빵에서 주로 사용한다. 무염 버터를 구하기 어려울 때는 보통 버터를 사용하고 레시피에 있는 소금을 넣지 않으면 된다. 보통 버터는 미리 상온에 1시간 정도 꺼내 두었다가 크림처럼 만들어 사용하는 것이 좋다. 만일 갑자기 사용할 일이 생기면 잘게 잘라 비닐봉지에 넣어 손으로 주물러 주면 빨리 쓸 수 있다. 전자레인지를 사용하면 녹아 버리기 때문에 좋지 않다.

포도씨유

포도 씨를 압착해 만든 기름으로 가격은 비싸지만 비타민 E와 필수지방산이 풍부하다. 포도씨유는 향이 은은해서 식용유 대신 사용하면 재료 고유의 맛과 향을 살릴 수 있다.

올리브유

독특한 향 때문에 보편적인 쿠키나 케이크를 만들 때는 사용하지 않는다. 하지만 소량을 넣거나 고유의 향을 이용하는 쿠키를 만들 때는 좋다.

베이킹파우더

반죽을 위쪽으로 부풀리는 역할을 한다.

베이킹소다

반죽을 옆으로 부풀리는 역할을 주로 하고, 코코아나 계피 같은 진한 색의 재료를 넣을 때 사용하면 색이 좀 더 짙어지고 선명해진다.

설탕

설탕은 단맛을 내는 것뿐만 아니라 달걀이나 크림의 거품을 안정시켜 주기도 하고, 갈색 쿠키의 색을 선명하게 해 주는 역할도 하기 때문에 베이킹에서는 꼭 필요한 재료이다. 설탕이 몸에 좋지 않다고 초보자들이 처음부터 레시피의 양을 마음대로 조절하다 보면 실패할 확률이 크므로 처음에는 레시피대로 하고, 이후 자신이 생기면 설탕의 양을 조금씩 조절해 보는 것이 좋다.

분당(슈거파우더)

설탕을 곱게 갈아 놓은 것으로 소량의 전분이 섞여 있다. 쿠키나 케이크를 만들 때 사용하기도 하고, 완성품 위에 가볍게 체를 쳐서 장식하기도 한다. 설탕보다 수분의 함량이 적기 때문에 쿠키를 만들 때 사용하면 더 바삭거린다.

물엿

물엿을 사용하면 쿠키에 쫀득한 맛을 주고, 양갱에 윤이 나게 한다. 물엿이 설탕보다 단맛이 덜하다고 설탕 대신 사용하면 안 된다.

올리고당

물엿 대신 쓸 수 있는 재료로 우리 몸의

대장에 있는 유익한 비피더스균이 좋아해 장의 건강에 도움을 준다.

메이플시럽

미국, 캐나다에서 재배되는 단풍나무 수액을 모아 만든 시럽으로 독특한 향을 가지고 있다. 물엿과 꿀 대신 쓸 수 있다.

건포도

건포도는 옅은 소금물에 잠깐 담갔다가 흐르는 물에 한 번 씻어 낸 것을 럼주에 담갔다가 사용한다. 그렇게 해야 쿠키나 빵을 만들 때 주위에 수분을 빼앗지 않는다.

오렌지 · 레몬 껍질

오렌지나 레몬의 껍질을 쓸 때는 소금으로 빡빡 문질러 닦은 다음 뜨거운 물로 씻어 내면 표면에 왁스 처리한 것을 없앨 수 있다. 잘 씻은 오렌지나 레몬은 물기를 없앤 후 얇은 채칼로 껍질 부분을 깎아 쓰면 된다. 바로 껍질 깎는 도구도 있으니 노란 부분만 얇게 벗겨 잘게 다져 쓰면 된다. 이때 하얀 부분이 들어가면 씁쓸한 맛이 나니 조심하자.

생크림

우유를 원심분리하여 만든 유지방 18% 이상인 제품으로 거품을 낼 때 안정성은 떨어지나 맛은 좋다.

휘핑크림

식물성 가공 유지로 만든 제품으로 맛은 약간 느끼하지만 거품의 안정성은 좋다.

생크림케이크를 만들 때 생크림과 휘핑크림을 반씩 섞어 사용하면 안정성도 좋아지고 맛도 좋아진다.

호두

쿠키나 케이크에 많이 사용되는 견과류. 사용 전 180℃에서 5~7분가량 살짝 구우면 좀 더 고소하고 바삭한 맛을 낼 수 있다.

피칸

호두와 비슷한 맛으로 약간 더 길쭉하게 생겼다. 호두에 비해 훨씬 비싸기 때문에 보통 호두로 대체해서 사용한다.

다크 초콜릿

쓴맛이 강한 초콜릿으로 일반적인 쿠키 만들 때 사용한다. 쓴맛은 코코아 솔리드의 함량에 따라 다르다.

밀크 초콜릿

우유가 첨가된 초콜릿으로 단맛이 강하다.

화이트 초콜릿

코코아 솔리드는 함유하지 않고 코코아버터와 우유, 설탕만으로 만들어진 초콜릿이다.

바닐라오일

바닐라 향이 나는 오일. 일반적으로 오븐에 구워 만드는 케이크나 쿠키에 이용한다.

바닐라에센스

바닐라 향을 농축시킨 것으로 휘발성이 강하므로 굽지 않는 무스케이크나 아이스크림 등에 주로 사용한다. 바닐라에센스 대신 바닐라오일을 사용해도 괜찮다.

바닐라빈

바닐라콩 껍질을 말린 것으로 칼로 가운데를 잘라 후추 모양의 씨를 빼낸 후 사용한다. 값은 꽤 비싸지만 맛이 훨씬 강하다. 쓰고 남은 바닐라빈을 설탕 통에 넣어 두면 설탕에 향이 배어 바닐라설탕이 된다.

미루아, 나파주

케이크나 장식하는 과일 위에 윤기 나게 하기 위해 바르는 것. '미루아'는 무색, 무취이고 젤리 타입이라 그대로 쓰면 되지만 '나파주'는 연한 살구색에 살구 맛이 나고 농도가 되기 때문에 물을 약간 넣고 끓여서 써야 한다.

우유팩과 시럽스푼을 이용하면 누구나 쉽게 용량을 잴 수 있어요

계량컵

저울이 있으면 무게를 재면 되지만 저울도 계량컵도 없을 때는 시중에서 판매하는 180㎖ 우유팩을 이용해 계량컵을 만들면 된다.
우유팩으로 계량컵을 만드는 방법은 간단하다. 우유팩을 깨끗이 씻어 말린 다음 우유팩의 삼각형으로 접히는 윗부분을 가위로 잘라 주면 된다.
이렇게 만들어진 우유팩의 용량은 정확하게 240cc이다. 이것을 계량컵 대신 쓰면 미국식 계량컵 1컵이 된다. 또 옆면을 자로 재서 반을 자르면 $\frac{1}{2}$컵, $\frac{1}{4}$로 자르면 $\frac{1}{4}$컵이 된다.
이 책에 사용된 레시피는 모두 240cc를 1컵으로 했다.
계량컵으로 가루 재료를 잴 때는 가볍게 퍼서 계량컵 위로 나온 부분을 칼 같은 것으로 싹 깎아서 사용한다.
이때 컵을 흔들면 절대 안 된다. 흔들면 가루가 밑으로 가라앉게 되어 정확한 양보다 많아지기 때문이다.

밀가루 양을 측정할 때 흔들지 않고 표면을 깎아 사용한다.

녹지 않은 버터를 컵으로 계산하는 법
보통 마트에서 파는 직사각 모양의 버터는 450g이다. 이것이 약 2컵 분량이다. 그러므로 버터를 싼 종이에 눈금을 그어 반으로 나누면 1컵, 또 반으로 나누면 $\frac{1}{2}$컵이 된다.

계량스푼

계량스푼의 1큰술은 15cc, 1작은술은 5cc이다.
만약 계량스푼이 없을 때는 어떻게 해야 할까?
계량스푼이 없을 때는 아이들 시럽 약에 들어 있는 스푼을 재활용하면 된다. 보통 시럽 약에 들어 있는 스푼은 5cc 단위로 용량이 표시되어 있는 것이 많다. 이것을 활용하면 훌륭한 계량스푼이 된다.
물론 계량스푼을 사용할 때도 용량을 넘치는 윗부분은 수평으로 깎아 재야 한다.

삼각형으로 접히는 부분을 잘라내고 만든 240cc 계량컵

옆면을 자르면 각각 $\frac{1}{2}$컵과 $\frac{1}{4}$컵이 된다.

요즘은 홈베이킹이 대중화되어 대형마트에도 전문 코너가 생기고
인터넷에도 전문 쇼핑몰이 많이 생겼습니다. 그렇지만 기구와 재
료를 살 때는 도매시장을 이용하는 것이 좋습니다.
베이킹 재료를 파는 도매시장은 서울 을지로5가에 있는 방산시장
에 형성되어 있습니다. 2호선 또는 5호선 지하철을 타고 을지로4
가 역에서 내린 후 6번 출구로 나와 을지로5가 쪽으로 가다 보면
오른쪽으로 길 건너편에는 중부시장이 있고 조금만 지나면 왼쪽으
로 방산시장이 있습니다.
재료를 살 때는 포장 단위가 너무 큰 것은 피하는 것이 좋습니다.
싸다고 많이 사다 놓았다가 유통기한을 넘겨 못 쓰게 되는 경우도
많으니까요. 재료는 될 수 있는 대로 적은 양으로 나눠 파는 집을
찾아 쓸 만큼만 구입하세요.
도구는 처음부터 다 장만하지 말고 일회용품을 써 보고 나서 많이
사용할 만한 것들을 적어 뒀다가 한꺼번에 한 집에서 구입하면 서
비스도 받을 수 있고 가격 할인도 받을 수 있습니다. 방산시장에서
도 집집마다 가격이 조금씩 다르니 열심히 발품을 팔아 시장 조사
를 한 후 구입하세요.

지방에 계시거나 시간을 내기가 힘든 분은 근처의 대형마트나 인
터넷 쇼핑몰을 이용하세요.

베이킹 전문 인터넷 쇼핑몰

www.bakingmall.com(디엔비)
www.convexoven.com(컨벡스 코리아)
www.ejinjin.com(이진진)
www.cakeplaza.co.kr(케익플라자)
www.ehomebakery.com(홈베이커리)
www.ibaking.net(아이베이킹)
www.da-heim.com(다하임)
www.happybaking.com(해피베이킹)
www.cow2004.com(카우2004)

사 먹는 과자와 집에서 만든 과자 중 어느 것이 더 맛있을까?

처음 슈퍼마켓에서 파는 쿠키를 집에서 만든다고 했을 때 남편과 아이들은 적극적으로 응원해 주었다. 하지만 나의 첫 작품을 맛본 남편은 시큰둥한 표정으로 말했다.

"아무래도 큰 회사에서 만드는 것은 많은 연구원들이 시행착오를 거쳐 가장 맛있는 것을 만든 것일 테니까 집에서 그 맛을 내기는 힘들 거야."

아이들의 반응도 마찬가지였다.

"뭔가 맛이 빠진 것 같아. 단맛도 부족하고 푸석푸석한 것 같아."

나도 처음에는 그렇게 생각했다.

하지만 몇 번의 시행착오를 거치면서 맛에 점점 자신이 붙어 갔다. 거기에 따라 남편과 아이들의 반응도 바뀌었다.

"와, 이젠 사 먹는 것보다 엄마가 만든 것이 더 맛있는데요. 도대체 무얼 넣어 만들었지? 재료가 좋아서 그런가?"

사 먹는 과자 맛에 길들여진 아이들도 이젠 엄마가 만든 것이 더 맛있단다.

"만들자마자 바로 먹으니까 더 맛있지. 하지만 더욱 중요한 건 엄마의 사랑과 정성이 듬뿍 들어간 거야. 대기업 연구원들도 이것만큼은 엄마를 이길 수 없지."

옆에서 한마디 거드는 남편의 말이 정겹다.

"처음부터 '사랑과 정성'으로 모든 것이 극복되지는 않더군요. 끊임없는 노력과 함께 가족들의 '인내'도 필요하답니다."

01

슈퍼마켓에서 파는 과자를 집에서 만들어요

코 코 아 파이

- **초코시트 재료**　달걀 5개(250g)　설탕 $\frac{1}{4}$컵(60g)　꿀 15g　박력분 $\frac{1}{2}$컵(60g)
코코아가루 3큰술(18g)　옥수수전분 $\frac{1}{4}$컵(30g)　마시멜로 적당량
- **가나슈 재료**　다크 초콜릿 200g　생크림 200g

초코시트 만들기

01. 달걀을 거품기로 대충 풀고 설탕과 꿀을 넣어 잘 저은 후 중탕으로 40℃ 정도가 되게 데운다.

02. 데운 달걀이 걸쭉해질 때까지 거품기로 빠르게 젓는다(이때 거품기를 들어 걸쭉해진 달걀을 바닥에 떨어뜨려 별 모양을 유지하면 잘된 것이다).

03. 거품기로 1~2분가량 천천히 저어 거품을 안정시킨다.

04. 곱게 체 친 박력분, 코코아가루, 옥수수전분을 달걀 거품 낸 것에 넣어 가볍게 섞은 쿠키 팬(28×38㎝)에 얇게 펼쳐 200℃ 오븐에서 10~12분 정도 굽는다.

05. 다 구워지면 오븐에서 꺼내 식힌 후 동그란 쿠키 커터를 사용해 적당한 크기로 자른다.

06. 마시멜로를 적당한 크기로 잘라 5의 초코시트 사이에 넣고 전자레인지로 10초 정도 돌려 녹인다(이때 하나씩 해야 모양이 예쁘게 잡힌다).

가나슈 만들기

07. 다크 초콜릿을 잘게 잘라 중탕으로 녹이고 생크림을 냄비에서 살짝 끓여 초콜릿에 부어 잠시 둔 후 잘 섞는다. 이때 한 방향으로 천천히 돌리며 섞어야 윤이 나고 기포가 생기지 않아 파이 모양이 예쁘게 된다.

08. 완성된 초코시트에 가나슈를 살살 붓는다. 가나슈는 따뜻할 때 빨리 부어야 잘 흘러내려 코팅이 두껍게 되지 않는다.

완성된 파이는 냉장고에 넣어 굳혀 먹어야 돼요. 빨리 먹고 싶다고 그대로 먹으면 입이며 손이며 온통 초콜릿 투성이가 된답니다.

쿠키 아줌마의 족집게 노하우!

1. 중탕한 달걀의 온도를 어떻게 알 수 있을까요?
온도계를 사용하면 가장 정확하게 잴 수 있습니다. 온도계가 없다면 손가락을 살짝 넣어 보세요. 40℃라면 따끈한 목욕물의 온도입니다. 아주 정확하지 않아도 1~2℃의 차이는 상관없습니다.

2. 중탕으로 데울 때는 반드시 저어 주어야 달걀이 익지 않습니다. 금방 40℃까지 올라가기 때문에 주의해야 합니다.

3. 거품기를 빠른 속도로 젓다가 마지막에 천천히 젓는 이유는 필요 이상으로 커진 기포를 작게 깨서 거품을 안정시키기 위해서입니다. 간혹 케이크 안에 구멍이 뻥 뚫린 것은 큰 거품을 깨뜨리지 않았기 때문입니다.

참깨스낵

박력분 ½컵(60g)　코코넛가루 4큰술(20g)　설탕 2½큰술(30g)
검은깨 2큰술(15g)　올리브유 1큰술(15g)　우유 2큰술(30g)

만들기

01. 박력분, 코코넛가루, 설탕을 체에 쳐서 섞는다.
02. 1에 검은깨를 넣고 올리브유와 우유를 부어 반죽한 다음 잘 뭉쳐 비닐봉지에 넣고 냉장고에서 30분 이상 숙성시킨다.
03. 숙성된 반죽을 꺼내 얇게 민다.
04. 쿠키 커터를 이용해 재미있는 모양으로 찍어 팬에 올려놓는다.
05. 반죽 위에 우유를 살짝 바르고 설탕을 가볍게 뿌린다.
06. 170℃로 예열한 오븐에 넣고 15분 정도 구워 낸다.

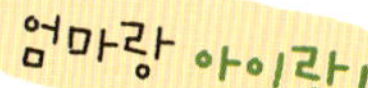

반죽을 밀 때는 두 손에 힘이 고루 들어가도록 해야 해요. 한쪽만 힘을 너무 주면 반죽이 고르게 되지 않거나 찢어질 수 있어요.

쿠키 아줌마의 족집게 노하우!

1. 코코넛가루는 밀가루보다 입자가 커서 고운 체로 치면 잘 안 내려갑니다. 약간 굵은 체를 사용하는 것이 좋습니다.

2. 반죽을 냉장고에서 숙성시키는 이유는 밀가루와 수분이 한데 잘 어우러져 반죽이 알맞게 되기를 기다리는 것입니다.

3. 숙성된 반죽을 밀 때 비닐봉지 안에 넣은 채로 밀면 들러붙지 않아서 좋습니다.

4. 반죽을 얇게 밀수록 과자가 바삭거리고 맛있지만, 초보자가 너무 얇게 밀다 보면 찢어질 수도 있으니 조심해야 합니다.

고소한 맛과 만드는 재미가 있는 쿠키
버터링쿠키

버터 ¾컵(170g)   분당 ½컵(65g)   소금 약간   달걀흰자 2개(60g)   럼주 약간
박력분 1⅓컵(200g)   아몬드가루 ½컵(60g)   마른 과일 약간

만들기

01. 버터를 상온에 1시간쯤 놓아두었다가 거품기로 저어 부드럽게 푼다.
02. 부드럽게 푼 버터에 분당과 소금을 조금씩 넣으면서 거품기로 저어 크림처럼 만든다.
03. 2에 달걀흰자와 럼주를 조금씩 넣으며 잘 젓는다.
04. 체 친 박력분과 아몬드가루도 넣고 가볍게 섞어 반죽을 완성한다.
05. 반죽을 짤주머니에 넣어 팬 위에 버터링쿠키 모양으로 짠다.
06. 쿠키 위를 마른 과일로 장식한다.
07. 170℃로 예열한 오븐에 넣어 10~12분 바삭하게 구운 후 팬에 그대로 두었다가 식은 다음 꺼낸다.

짤주머니로 자기 이름을 쓰거나 예쁜 꽃, 동물을 그려 보아요.
독특한 모양의 버터링쿠키를 만들 수 있답니다.

쿠키 아줌마의 족집게 노하우!

1. 짤주머니에 반죽을 넣을 때는 한꺼번에 너무 많이 넣지 마세요. 반죽이 많으면 짜기가 힘들어집니다.

2. 버터링쿠키는 짤주머니의 깍지를 이용해 다양한 모양을 만들 수 있습니다. 깍지 모양에 따라 여러 무늬를 만들 수도 있고 하트나 별 모양, 아이들이 좋아하는 간단한 캐릭터 모양도 만들 수 있어요. 하지만 한 팬에 구울 때는 각각의 모양은 달라도 두께나 크기는 비슷하게 만들어야 합니다. 두께나 크기가 비슷하지 않으면 큰 쿠키가 익는 동안 작은 쿠키는 탈 수도 있으니 조심해야 합니다.

3. 마른 과일 대신 잼을 조금 올려놓아도 좋습니다.

초코칩쿠키, 과일칩쿠키

버터 1컵(225g)   설탕 2큰술(25g)   황설탕 $\frac{1}{2}$컵(100g)   올리고당 $\frac{1}{4}$컵(80g)
달걀 1개   바닐라오일 2작은술   중력분 또는 박력분 2$\frac{1}{2}$컵(300g)   베이킹소다 1작은술
소금 $\frac{1}{4}$작은술   초콜릿칩 또는 과일칩 250g

만들기

01. 상온에 놓아둔 버터를 거품기로 풀다가 설탕과 황설탕을 넣고 섞어 크림 상태로 만든다.
02. 1에 올리고당, 달걀, 바닐라오일을 넣고 다시 섞는다.
03. 체에 쳐 놓은 중력분, 베이킹소다, 소금을 조금씩 넣어 가며 잘 섞일 때까지 살살 젓는다.
04. 초콜릿칩이나 과일칩을 넣고 다시 섞는다.
05. 180℃로 예열한 팬에 큰 숟가락으로 한 술씩 놓아 12~13분가량 갈색이 날 때까지 굽는다.
06. 다 구워지면 팬에서 꺼내 식힌다.

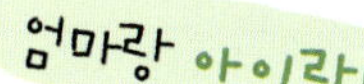

초콜릿을 좋아하면 다크 초콜릿을 큼직하게 잘라 넣어요.
물론 엄마 눈치 못 채시게 살짝요.

쿠키 아줌마의 족집게 노하우!

1. 과일칩은 마른 과일을 럼주에 담갔다가 체에 밭쳐 사용합니다. 그래서 과일칩쿠키를 구우면 수분이 많아 초코칩쿠키보다 옆으로 조금 더 퍼집니다.

2. 올리고당 대신 물엿을 써도 괜찮습니다.

3. 쫀득한 맛을 내는 초코칩쿠키를 만들 때는 박력분보다 중력분이 더 좋습니다.

미니하트파이

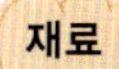

재료

강력분 1컵(125g)　박력분 1컵(125g)　찬물 $\frac{1}{2}$컵(125g)　소금 $\frac{1}{2}$작은술(3g)
버터 1$\frac{1}{2}$큰술(20g)　충전용 버터(롤인버터) $\frac{3}{4}$컵(170g)　덧가루용 설탕 약간

만들기

01. 강력분, 박력분, 찬물, 소금을 섞어 손으로 잘 치대 날밀가루가 없어지면 상온
　　에 두어 부드러워진 버터를 섞고 다시 겉이 매끄러워질 때까지 손바닥으로 치
　　대 동그랗게 만든 후 냉장고에 넣어 30분 정도 숙성시킨다.

02. 숙성된 반죽을 롤인버터의 1.5배 정도 크기로 밀어 롤인버터를 감싼다.

03. 3겹 접어 밀어 펴기를 3회 하고, 마지막 네 번째는 설탕을 덧가루로 해서 밀어
　　펴서 3겹 접기를 한다.

04. 다시 반죽을 냉장고에 30분 정도 숙성시킨 후 물을 스프레이로 뿌리고 설탕을
　　뿌려 가며 22×44×0.5㎝로 밀어 편 후 4겹 접기를 한다.

05. 4의 반죽을 비닐로 감싸 밀봉한 후 냉동시킨다.

06. 냉동된 반죽을 꺼내 1㎝ 폭으로 썬 후 팬에 얹어 20분 정도 상온에 놓아둔다.

07. 180℃로 예열한 오븐에 넣어 15~20분 정도 구워 낸다.

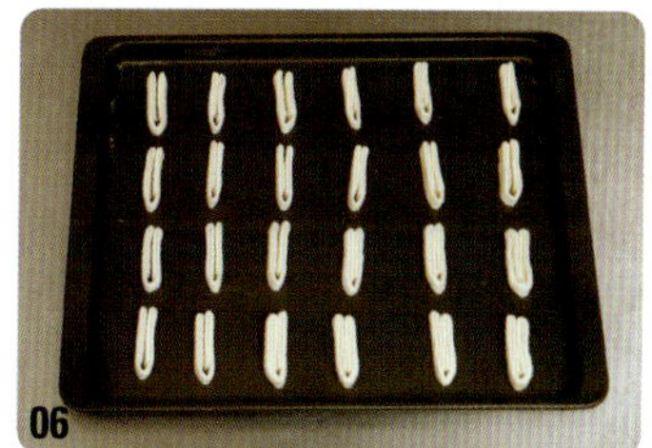

파이 반죽을 밀 때는 장난치지 말고 아주 정성 들여 얇게 밀어야
해요. 파이 반죽은 얇게 밀수록 맛이 훨씬 좋아지거든요.

쿠키 아줌마의 족집게 노하우!

1. 반죽으로 버터를 감쌀 때 이음매를 잘 붙여야 버터가 밖으로 나오지 않습니다.

2. 반죽을 밀 때 밀대로 꾹꾹 눌러 버터를 펴고, 먼저 가운데 부분부터 밀고 가장자리
　는 나중에 밀어야 골고루 평평하게 펄 수 있습니다.

3. 반죽이 밀리지 않으면 바닥에 버터가 녹아 붙은 것이므로 덧가루를 더 뿌리며 밀어야 합니다.

4. 4겹 접기를 할 때 가운데 접히는 부분에 약간 여유를 둡니다. 그래야 하트 모양이 예쁘게 잡힙니다.

5. 파이는 구우면 옆으로 많이 퍼지므로 쿠키 팬에 얹을 때 반죽의 간격을 여유 있게 합니다.

6. 3겹 접기를 잘해야 파이의 결이 살아 얇고 층층이 고르게 만들어집니다.

7. 가장자리 남은 조각들은 적당한 길이로 잘라 따로 굽습니다.

바삭한 파이 속에 달콤한 과일 잼

잼파이

강력분 1컵(125g)   박력분 1컵(125g)   찬물 $\frac{1}{2}$컵(125g)   소금 $\frac{1}{2}$작은술(3g)

버터 1$\frac{1}{2}$큰술(20g)   충전용 버터(롤인버터) $\frac{3}{4}$컵(170g)   덧가루용 설탕 약간

장식용 잼(딸기, 오렌지) 약간

만들기

01. 강력분, 박력분, 찬물, 소금을 섞어 손으로 잘 치대 날밀가루가 없어지면 상온에 두어 부드러워진 버터를 섞고 다시 겉이 매끄러워질 때까지 손바닥으로 치대 동그랗게 만든 후 냉장고에 넣어 30분 정도 숙성시킨다.

02. 숙성된 반죽을 롤인버터의 1.5배 정도 크기로 밀어 롤인버터를 감싼다.

03. 3겹 접어 밀어 펴기를 3회 하고, 마지막 네 번째는 설탕을 덧가루로 해서 밀어 펴서 3겹 접기를 한다.

04. 다시 반죽을 냉장고에 30분 정도 숙성시킨 후 물을 스프레이로 뿌리고 설탕을 뿌려 가며 20×44×0.5㎝로 밀어 편다.

05. 이것을 4×10㎝ 크기로 잘라 가운데 부분을 포크로 찔러 구멍을 내고 비닐로 감싸 밀봉한 후 냉동시킨다.

06. 냉동된 반죽을 꺼내 포크로 구멍 낸 부분에 잼을 얹고 180℃로 예열한 오븐에 넣어 20~25분 정도 구워 낸다.

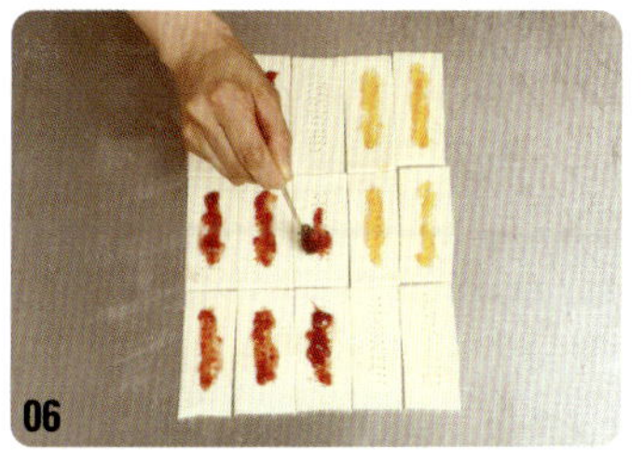

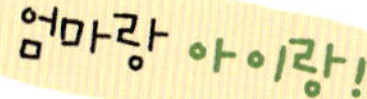

잼을 얹는 일은 정말 즐거워요. 가끔 엄마 몰래 한 숟가락씩 떠먹을 수 있거든요. 하지만 잼을 얹을 때 너무 많이 올리지 않도록 조심하세요. 넘쳐흐르면 안 되니까요.

쿠키 아줌마의 족집게 노하우!

1. 밀어 펴기 하는 중간에 버터가 녹으면 결이 잘 생기지 않으므로 반죽의 상태를 보면서 중간중간 냉장고에 넣어 30분 정도 쉬어 가며 하는 것이 좋습니다.

2. 포크로 구멍을 낼 때는 아래쪽까지 잘 내야 여러 겹으로 된 반죽이 옆으로 밀리지 않습니다.

입에서 사르르 녹는 슈 안에 달콤한 초콜릿

베이비슈, 초콜릿슈

- 비스킷슈 재료　　물 ½컵(120g)　　버터 ¼컵(56g)　　소금 1g　　박력분 ½컵(60g)
달걀 2개
- 커스터드크림 재료　　우유 1½컵(340g)　　설탕 ⅓컵(60g)　　달걀노른자 3개
옥수수전분 14g　　박력분 14g
- 가나슈 재료　　다크 초콜릿 100g　　생크림 100g

비스킷슈 만들기

01. 물, 버터, 소금을 코팅 잘된 냄비나 프라이팬에 넣고 끓여 녹으면 불을 끈 후 박력분을 한번에 넣고 나무 주걱으로 재빨리 섞는다.

02. 다시 불을 켜고 중불에서 50초 내지 1분간 젓다가 찰기가 생기면 불을 끄고 작업대에서 만질 수 있을 정도(약 70℃)로 식힌다.

03. 반죽의 되기를 조절하면서 달걀을 1개씩 넣으며 공기가 들어가도록 잘 젓는다.

04. 반죽을 두 손가락으로 만졌다가 뗄 때 약간 붙어 올라오는 정도면 되기가 적당한 것이다.

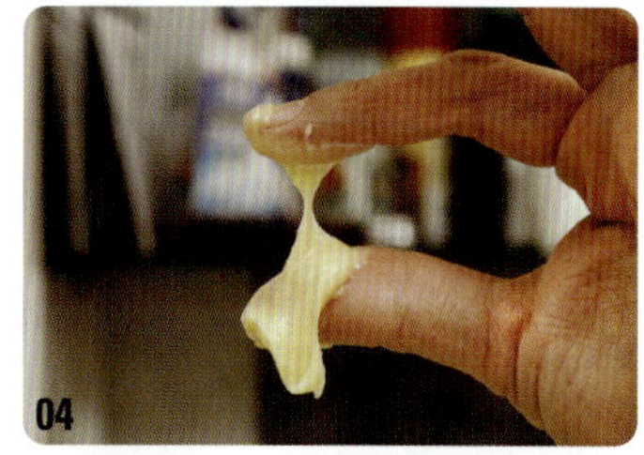

05. 짤주머니에 동그라미 깍지를 끼우고 반죽을 담아 팬 위에 2㎝ 크기로 짠다.

06. 동그란 모양의 슈 반죽 위에 스프레이로 물을 뿌리고 200℃ 오븐에서 10~15분 정도 굽는다. 슈 반죽의 윗면이 터지면 온도를 160℃로 낮추어 다시 10~13분가량 위쪽에 갈색이 날 때까지 구워 준다(중간에 오븐 문을 열면 슈가 꺼져 버리므로 쿠키 팬을 한 단만 넣어 굽는다).

커스터드크림 만들기

07. 우유에 설탕 60g 중의 일부를 넣고 80℃ 정도까지 가열한다(가장자리에 거품이 날 정도).

08. 다른 그릇에 달걀노른자를 대충 풀고 나머지 설탕을 넣어 중탕한다. 설탕이 녹을 때까지 걸쭉하게 젓는다.

09. 8에 체 친 옥수수전분과 박력분을 넣고 살살 섞는다.

10. 여기에 7의 우유를 천천히 넣어 가며 잘 젓는다.

11. 이것을 체에 걸러 냄비에 넣고 저으며 전체가 풀썩거릴 때까지 끓인다. 이때 열심히 젓지 않으면 크림이 사방으로 튀고 눌어붙는다.

12. 완성된 크림을 랩에 펼쳐 잘 감싼 상태로 식힌다.

13. 다 식은 커스터드크림을 볼에 넣어 거품기로 다시 부드럽게 풀어 준 다음 짤주머니에 넣는다.

14. 비스킷슈 아래쪽에 뾰족한 것으로 구멍을 내고 짤주머니로 크림을 넣는다.

가나슈 만들기

15. 초콜릿을 잘게 다져 중탕으로 녹인다.

16. 생크림을 냄비에 살짝 끓여 초콜릿 녹인 것에 부어 잠시 둔 후 잘 섞어 식힌다.

17. 만들어진 가나슈를 짤주머니에 넣어 비스킷슈 밑에 구멍을 내고 그 속에 넣는다. 이때 깍지는 가는 것으로 해야 흐르지 않는다. 완성된 베이비슈 위를 가나슈에 찍거나 짤주머니로 장식을 하면 더 맛있다.

어른과 아이가 함께 즐기는 맛

녹차양갱, 호박양갱

가루 한천 2작은술(6g) 물 1컵(240g) 설탕 $\frac{1}{4}$컵(50g) 녹차가루 1큰술(7g)
물 1~2큰술 흰팥앙금 1$\frac{2}{3}$컵(500g) 소금 약간 물엿 2큰술(40g)

만들기

01. 한천을 물에 담가 10분 정도 불린다(실한천은 1시간 이상 충분히 불리는 것이 좋다).
02. 물에 불린 한천을 불에 올려 끓이다가 끓기 시작하면 조금 더 끓인 후 설탕을 넣는다. 설탕이 녹으면 1분 정도 더 끓인다.
03. 2를 불에서 내린 다음 물에 갠 녹차와 고운 팥앙금을 넣은 후 덩어리가 지지 않도록 풀어 준다.
04. 3을 다시 불에 올려 끓인다. 끓기 시작하면 나무 주걱으로 한 방향으로 저어 가며 3~4분 정도 더 끓인다.
05. 여기에 소금과 물엿을 넣고 살살 저어 가며 살짝 졸인다.
06. 힘 있는 알루미늄 베이킹 틀이나 예쁜 틀에 5를 부어 식힌다.

한천은 우뭇가사리로 만든 것으로 양갱을 만들 때 굳히는 역할을 합니다. 상온에서는 물에 녹지 않지만 끓이면 잘 녹아요.

쿠키 아줌마의 족집게 노하우!

1. 호박양갱은 단호박을 전자레인지에 푹 익도록 5~10분 정도 찐 후 으깨어 흰팥앙금 100g을 빼고 호박앙금을 그만큼 넣어서 만들면 됩니다. 이때 녹차가루는 넣지 마세요.

2. 팥앙금을 넣고 끓일 때 잘 저어야 눋지 않고 또 폭폭 튀어 오르는 것도 방지해 손을 데지 않아요.

3. 틀에 붓고 나서 냄비에 남은 양갱이 식어 굳으면 물을 조금만 넣어 잘 긁어 가며 다시 한 번 끓여 틀에 부어 굳히면 됩니다.

4. 식힐 때는 상온에서 서서히 식혀야 맛이 좋습니다.

5. 팥앙금은 직접 팥을 삶아 만들면 좋지만 아무래도 번거롭기 때문에 앙금 제품을 사용하는 것이 좋습니다. 완두앙금, 호박앙금도 만들어 판매하는 것이 있습니다.

옥수수빵

옥수수 알갱이가 씹히는 담백한 맛

중력분 또는 박력분 1컵(120g)   옥수수가루 ¾컵(100g)   소금 약간
베이킹파우더 2작은술(10g)   녹인 버터 3큰술(40g)   설탕 2½큰술(30g)
달걀 2개   우유 4½큰술(70g)   옥수수 통조림 ½통(170g)   덧가루용 옥수수가루 약간

만들기

01. 밀가루, 옥수수가루, 소금, 베이킹파우더를 함께 체에 친다.
02. 녹인 버터에 설탕, 달걀, 우유를 넣고 잘 섞는다.
03. 1과 2를 잘 섞은 후 물을 뺀 옥수수를 넣고 반죽한다.
04. 반죽을 동그란 덩어리로 만든다.
05. 동그란 덩어리 반죽에 옥수수가루를 묻히고 위를 살짝 누른다.
06. 180℃로 예열한 오븐에 넣고 20분간 구워 낸다.

02

03

04

05

옥수수빵은 그냥 먹어도 맛있지만 빵 가운데를 잘라 잼을 넣어
먹으면 정말 맛있답니다.

쿠키 아줌마의 족집게 노하우!

1. 담백한 빵 맛에 간간이 옥수수가 씹히는 맛이 좋습니다.

2. 옥수수가 나오는 계절엔 직접 삶아서 알갱이를 떼어 쓰면 더욱 맛있습니다.

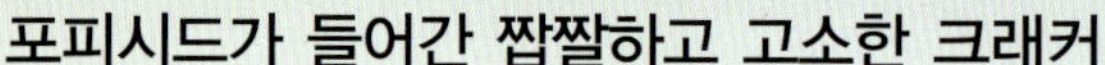

포피시드가 들어간 짭짤하고 고소한 크래커

포피시드솔트 크래커

박력분 1컵(120g)   소금 $\frac{1}{4}$작은술   설탕 1큰술   버터 1큰술   포피시드 1큰술
생크림 4큰술(60g)   우유 2큰술(30g)

만들기

01. 박력분, 소금, 설탕을 체에 친다.
02. 상온에 두었던 버터에 1과 포피시드를 넣고 손으로 비비듯 섞는다.
03. 여기에 생크림과 우유를 넣어 적당히 반죽해 뭉친다.
04. 반죽을 밀대로 20×25㎝ 크기로 밀어 적당한 크기로 자른다.
05. 팬 위에 4의 반죽을 올려놓고 우유를 바르고 소금을 뿌려 150℃로 예열한 오
    븐에 넣어 20~25분 정도 구워 낸다.

포피시드는 식용으로 쓰이는 양귀비 씨예요. 톡톡 씹히는 맛이
마치 키위 씨 같답니다. 중독되는 것은 아니니까 마음 놓고 드세요.

쿠키 아줌마의 족집게 노하우 !

1. 포피시드가 없을 때는 검은깨를 대신 사용해도 좋습니다.

2. 반죽을 밀 때 비닐봉지에 넣고 어느 정도까지 밀다가 실리콘 페이퍼(비닐이나 유산지도 가능)
를 위 아래로 놓고 밀면 반죽이 붙지 않고 잘 밀어집니다.

3. 시판하는 크래커와는 또 다른 맛으로, 짭짤한 맛이 맥주 안주로 그만입니다.

쿠키를 만드는 다양한 방법을 소개합니다

짤주머니를 사용하는 쿠키
PIPED COOKIES

부드러운 반죽을 원뿔 모양의 짤주머니에 넣고 꼭짓점 부분에 끼운 깍지로 반죽을 밀어내어 여러 모양의 쿠키를 만드는 방법입니다. 여러 모양의 깍지를 이용하기 때문에 다양한 무늬와 형태의 쿠키를 만들 수 있어 아이들과 함께 하면 더욱 좋습니다.

1. 짤주머니에 자기가 원하는 모양의 깍지를 끼우고 깍지 바로 윗부분에 있는 짤주머니의 끝부분을 깍지 속으로 밀어 넣어 반죽을 밑으로 흐르지 않게 한다.
2. 짤주머니에 반죽을 넣을 때는 넓은 부분을 위로 하여 한 손으로 잡고 넣는대(익숙하지 않으면 기다란 컵 속에 짤주머니를 넣고 반죽을 넣으면 편하게 할 수 있다).
3. 반죽은 한꺼번에 많이 넣으면 손에 힘을 줄 수가 없어서 짜기 힘들다. 짤주머니의 $\frac{1}{3}$ 내지 $\frac{1}{2}$ 정도만 채워 넣어 사용하고 나서 다시 반죽을 넣는 것이 좋다.
4. 반죽을 다 넣었으면 깍지 윗부분 막았던 곳을 풀어 반죽 중간에 공기가 차지 않게 반죽을 밑으로 밀어 준다. 중간에 공기가 들어가면 짤 때 공기가 빠져나와 쿠키에 구멍을 내서 모양이 예쁘지 않게 된다.
5. 반죽을 짤 때는 깍지 끝을 쿠키 팬에서 약간 거리를 두고 짠다. 짤 때는 깍지 모양이 잘 살도록 통통하게 짜는 것이 좋다. 너무 납작하게 짜면 구울 때 탈 수도 있다.

스푼으로 떠서 만드는 쿠키
DROP COOKIES

반죽을 숟가락을 이용해 쿠키 팬 위에 떠 놓는 방법으로 만드는 쿠키입니다.

대부분의 드롭쿠키는 구워지면서 옆으로 많이 퍼지기 때문에 쿠키 팬에 놓을 때 간격을 여유 있게 두어야 서로 들러붙지 않습니다. 처음에는 어느 정도를 떼어야 좋을지 감이 안 잡히지만 한 두 번 해 보면 곧 익숙해집니다.

1. 숟가락으로 떠 놓을 때는 반죽의 크기를 일정하게 해야 한다. 크고 작으면, 큰 것이 익는 동안 작은 것이 타게 된다.
2. 드롭쿠키는 완성된 반죽을 냉장고에 두었다가 먹고 싶을 때 조금씩 구워 먹어도 좋다. 냉장실에서는 3~4일 정도, 냉동실에서는 한 달 이상 보관이 가능하다.

   냉동실에 보관할 때는 반죽을 한 번 구워 먹을 정도의 크기로 나누어 밀봉해 얼렸다가 먹고 싶을 때 냉장실에서 해동해 구우면 된다.

반죽을 밀고 모양을 찍어서 만드는 쿠키
ROLLED COOKIES

반죽을 밀대로 밀어서 만드는 쿠키입니다.
반죽은 보통 30분 이상 냉장고에서 숙성시키는 것이 좋습니다. 그렇게 하면 밀가루와 버터, 수분 등이 서로 잘 결합해 반죽이 덜 달라붙고 부드럽게 됩니다.

1. 반죽을 냉장고에 너무 오래 두었을 경우에는 반죽이 딱딱하므로 10분 정도 상온에 두었다가 밀도록 한다.

2. 반죽을 냉장고에 둘 때 비닐봉지에 넣게 되는데, 밀 때 어느 정도까지는 봉지 안에 든 채로 밀면 편하다.

3. 사이즈가 어느 정도 크게 밀어지면 비닐봉지에서 꺼내(가위로 옆을 자르는 것이 편하다) 위 아래에 실리콘 페이퍼 또는 유산지나 비닐을 깔고 덮어서 밀대로 밀면 반죽이 달라붙는 것을 막을 수 있다.

4. 실리콘 페이퍼가 없을 땐 덧가루를 이용한다. 덧가루용으로는 강력분이 좋은데(박력분은 쉽게 뭉치므로 덧가루로는 적합하지 않다), 최소량만 쓰도록 한다. 하지만 초보자는 반죽이 붙어서 찢어지는 것보다는 덧가루를 넉넉히 써서 모양을 잘 잡는 것이 좋다. 필요 이상의 덧가루는 나중에 붓으로 털면 된다.

5. 반죽을 밀 때는 쿠키에 따라 다르지만 보통 3~5㎜ 두께로 민다. 밀다 보면 가장자리는 얇아지고 가운데는 두꺼워지는 경우가 많다. 처음 가운데부터 밀기 시작해 가장자리 부분에서 마무리하면 두께가 일정해진다.

6. 쿠키 커터로 모양을 찍을 때 커터에 먼저 덧가루를 묻혀 반죽을 찍으면 붙지 않게 잘라 낼 수 있다.

7. 커터로 찍을 때는 바싹 붙여 찍어서 자투리 반죽을 적게 남긴다. 자투리 반죽은 다시 뭉쳐 밀어 사용할 수 있으나 처음 반죽의 쿠키 맛이 가장 바삭거리고 맛이 좋다. 자투리 반죽을 다시 밀 때는 잠깐 냉장고에 두었다가 미는 것이 좋다.

8. 시중에 여러 가지 모양의 쿠키 커터가 나와 있으므로 아이들과 함께 하면 재미있는 놀이가 된다.
   쿠키 커터가 없을 때는 피자칼이나 잘 드는 칼을 이용해 비슷한 크기로 자르면 된다.

2

6

냉 동 반 죽 을 이 용 한 쿠 키

ICEBOX COOKIES

반죽을 냉동 숙성한 후 잘라서 굽는 쿠키입니다.

1. 쿠키 반죽을 적당히 뭉쳐 김밥 모양으로 만들어 유산지나 랩으로 감싸서 냉동실에
   굳혔다가 잘라 쓴다.
2. 반죽을 뭉칠 때 너무 많이 주물럭거리면 바삭한 맛이 줄어들 수 있으나 그렇다고 제대
   로 뭉치지 않으면 썰 때 부스러지므로 적당히 반죽을 잘하는 것이 중요하다.
3. 냉동실에서 최소 1시간 이상 완전히 굳혔다가 썰어야 부스러지지 않는다.
4. 썰 때는 칼로 톱질하듯 자르지 말고 한번에 자르는 것이 좋다.
5. 냉동실에 둔 지 오래되어 반죽이 언 상태면 상온에 꺼내 10분 정도만 두면 썰기 좋
   은 상태가 된다. 그래도 잘 안 썰리면 칼을 가스레인지 불에 살짝 달구었다가 썰면
   잘 썰어진다.
6. 냉동 쿠키도 오랜 기간 보관했다가 원할 때 꺼내 구
   워 먹을 수 있어 좋다. 단, 반죽에 음식 냄새가
   배지 않도록 비닐백 등으로 밀봉을 잘
   해 두도록 한다.

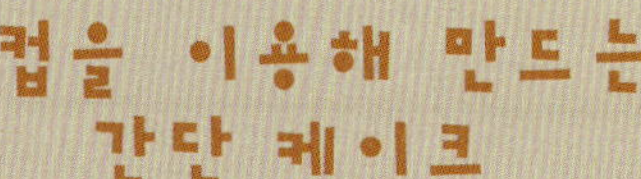

컵을 이용해 만드는
간단 케이크

머핀 틀을 이용해 만드는 컵케이크로 간단하게 케이크
의 부드러운 맛을 즐길 수 있습니다.

1. 머핀 틀이 없으면 힘이 있는 일회용 알루미늄 컵케이크 틀
   을 이용하면 된다.
2. 파운드 틀이나 알루미늄 도시락에 너무 높지 않게 반죽
   을 넣어 구워도 된다. 처음부터 모든 도구를 구입하
   지 말고 일회용을 써 보다가 이건 자주 하겠다
   싶으면 그때 장만하도록 하자.

바쿠키

'바쿠키'란 쿠키와 케이크의 중간 형태를
가진 쿠키입니다. 케이크치고는 두께가 얇고,
쿠키라고 하기에는 좀 두꺼운 편입니다.

1. 대부분의 바쿠키는 보슬보슬한 반죽을 쿠키 팬의 바닥에 손
   바닥으로 눌러 시트를 만들고 그 위에 토핑을 얹어 굽는
   다. 따라서 밑의 시트 부분은 바삭거리고 위는 촉촉한
   경우가 많다.
2. 적당한 크기의 팬이 없을 때는 알루미늄 도시락을
   이용하면 좋다.

나는 미국에서 처음 홈베이킹을 배웠다.

홈베이킹을 처음 배울 때는 모든 초보자가 그렇듯이 나도 레시피에 나와 있는 용량을 맞추려고 최선을 다했다. 그런데 레시피가 미국식인 탓에 쿠키의 맛이 너무 달았다. 아마도 고기를 주식으로 하다 보니 달콤한 맛을 즐기는 쪽으로 후식문화가 발달한 모양이었다.

어쨌든 레시피대로 따라 하기에는 내 입맛에 안 맞았다. 그래서 어느 날 캐럴 부인에게 용기를 내어 물었다. 단맛을 조금 줄일 수 없냐고.

"동양인에게는 조금 단 편이지? 그럼 집에서 만들 때는 설탕을 줄여 봐."

캐럴 부인의 답변은 너무 간단했다.

설탕을 줄이라고? 너무나 당연한 말 같지만 레시피의 양을 조절해도 된다는 캐럴 부인의 대답은 당시 베이킹 초보였던 나에게는 신선한 충격이었다.

그 뒤 나는 설탕을 줄이는 것을 시작으로 기본 레시피에는 없는 여러 재료들을 응용한 쿠키에 관심을 갖게 되었다. 그중에서도 과자를 좋아하는 아이들을 위해 건강에 좋은 재료를 이용해 여러 쿠키를 만들었다. 그런데 이렇게 하자 신기하게도 과자를 별로 좋아하지 않던 어른들도 아주 맛있다며 칭찬하는 것이 아닌가?

"처음에는 기본대로 하는 것이 중요해요. 그렇지만 한걸음 더 나아가기 위해서는 항상 신선한 생각이 필요하답니다."

02

어른들도 좋아하고 건강도 함께 챙기는 웰빙 쿠키

녹차쿠키

박력분 1¾컵(210g)　분당 ⅗컵(80g)　아몬드가루 ¼컵(30g)
녹차 1½큰술(12g)　버터 ⅔컵(150g)　달걀 1개　설탕 적당량

만들기

01. 박력분, 분당, 아몬드가루를 체에 쳐서 섞는다.

02. 녹차 잎은 비닐봉지에 넣어 손으로 대충 비벼 일부는 가루로 만들고 일부는 잎
　　모양이 살도록 만든다.

03. 버터는 2㎝ 정도 크기의 주사위 모양으로 썰어 냉장고에 넣어 둔다.

04. 커터기에 1, 2, 3을 넣고 살짝살짝 돌려 섞는다.

05. 여기에 달걀을 넣고 다시 살짝 돌려 반죽한다.

06. 반죽이 뭉쳐지면 랩이나 유산지로 김밥 말듯 말아서 냉동실에 넣어 굳힌다.

07. 굳은 반죽을 7㎜ 두께로 썰고 한 면에 설탕을 묻힌다.

08. 설탕을 묻힌 면이 위로 올라오게 하여 팬에 올려놓고 180℃로 예열한 오븐에
　　넣어 15~20분 정도 구워 낸다.

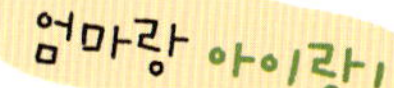

녹차에는 단백질, 지방, 10여 가지 비타민 등 몸에 좋은 성분이
많이 들어 있어요. 특히 비타민 C는 레몬의 5배가 들어 있답니다.

1. 녹차 대신 홍차나 얼그레이 같은 잎차를 써도 좋습니다.

2. 유산지는 한 번 썼던 것이라도 반죽을 떼어 내고 잘 접어 냉동실에 두면 다시 쓸 수 있습니다.

3. 커터기가 없으면 스크레이퍼를 이용해서 손이 커터기 역할을 하면 됩니다.

잡곡이 듬뿍 들어간 영양 간식

잡곡쿠키 

버터 ⅓컵(75g)   황설탕 ¼컵(50g)   달걀 ½개   통밀 또는 콤비콘 ¾컵(90g)
베이킹파우더 ¾작은술   베이킹소다 ⅛작은술   오트밀 ½컵(60g)   마른 과일 ⅓컵(60g)

만들기

01. 상온에서 버터를 부드럽게 하여 황설탕을 조금씩 넣어 가며 크림 상태로 만든 후 달걀을 넣고 잘 젓는다.
02. 통밀, 베이킹파우더, 베이킹소다를 체에 쳐서 오트밀, 잘게 자른 마른 과일과 골고루 섞는다.
03. 2를 1의 크림 상태의 버터에 넣어 살살 섞는다.
04. 섞은 반죽을 동그랗게 만든다.
05. 반죽을 기름칠한 팬 위에 얹어 놓고 위를 적당히 누른다.
06. 160℃로 예열한 오븐에 넣어 15분 정도 구워 낸다.

통밀은 밀에서 껍데기만 깐 밀알을 말해요. 통밀에는 무기질 성분이 많아 건강에 좋답니다.

쿠키 아줌마의 족집게 노하우!

1. 이 쿠키는 씹는 맛이 일품입니다. 맛과 양이 풍부해 어린이뿐 아니라 어른도 아주 좋아합니다.
2. 마른 과일은 망고, 살구, 오렌지필 등 집에 있는 것을 사용해도 됩니다.

빅맥쿠키

아몬드가루 1컵(115g)　　황설탕 ⅓컵(70g)　　달걀흰자 2~3개(75g)　　럼주 1작은술

만들기

01. 아몬드가루와 황설탕을 체에 쳐서 섞는다.
02. 달걀흰자를 거품기로 돌려 끝이 잘 서는 머랭을 만든다. 럼주를 넣고 거품기를 살짝 더 돌려 준다.
03. 머랭에 1을 넣어 가볍게 섞는다.
04. 반죽을 숟가락으로 떠서 기름칠한 팬 위에 대충 9등분으로 얹어 놓는다.
05. 180℃로 예열한 오븐에 넣어 15분 정도 구운 후 꺼내 팬 위에 5분간 더 두었다가 식힘망으로 옮긴다.

아몬드는 콜레스테롤이 없고 지방이 낮은 견과류예요. 여러 가지 좋은 영양소와 함께 우리 몸에 꼭 필요한 비타민 E를 듬뿍 담고 있답니다.

쿠키 아줌마의 족집게 노하우!

1. 황설탕 대신 유기농 흑설탕을 사용하면 건강에 더 좋습니다. 흑설탕을 넣으면 색은 약간 진해집니다.

2. 이 쿠키는 밀가루도 버터도 들어가지 않고, 아몬드가루로만 만듭니다.

생강쿠키

박력분 1¾컵(200g)　베이킹파우더 1⅓작은술　베이킹소다 ½작은술　소금 약간
생강가루 2큰술　버터 ½컵(113g)　설탕 ⅓컵(70g)　달걀 1개　장식용 호두 적당량

만들기

01. 박력분, 베이킹파우더, 베이킹소다, 소금, 생강가루를 체에 쳐 둔다.

02. 상온에 놓아둔 버터에 설탕을 넣고 거품기로 저어 크림처럼 만든 뒤 달걀을 넣고 다시 잘 젓는다.

03. 2에 1을 모두 넣고 가볍게 섞는다.

04. 완성된 반죽을 유산지나 랩으로 김밥 말듯 말아서 냉동실에 2~3시간 넣어 놓는다.

05. 굳은 반죽을 꺼내 5㎜ 두께로 썬 뒤 호두를 정중앙에 콕 박는다.

06. 180℃로 예열한 오븐에 넣어 12분간 구워 낸다.

02

03

04

05

생강은 알싸한 맛과 독특한 향 때문에 향신료로 많이 쓰여요.
생강에는 신진대사와 혈액순환을 좋게 하는 성분이 들어 있답니다.

쿠키 아줌마의 족집게 노하우!

1. 팽창제(베이킹파우더와 베이킹소다)가 들어가 옆으로 꽤 퍼지기 때문에 쿠키 팬에 놓을 때는 적당히 간격을 띄워야 합니다.

2. 이 쿠키는 생강가루에 따라 맛과 향이 달라집니다.

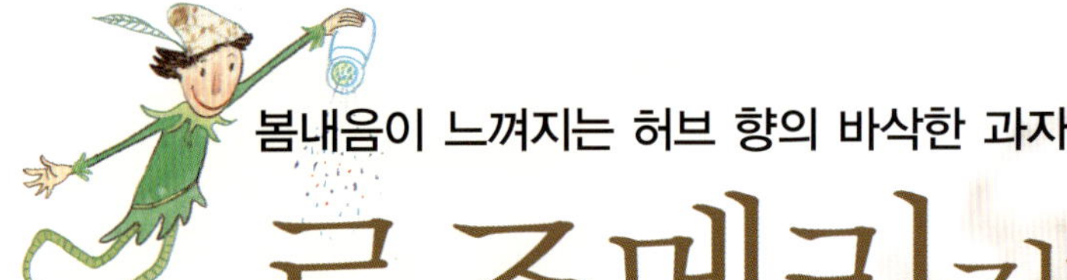

로즈메리 전병

달걀흰자 2개(70g)　설탕 $\frac{1}{3}$컵(70g)　레몬 껍질 $\frac{1}{2}$개분　오렌지 껍질 $\frac{1}{2}$개분
마른 로즈메리 2작은술　박력분 $\frac{1}{2}$컵(60g)　버터 $\frac{1}{4}$컵(50g)

만들기

01. 달걀흰자를 풀어 준 다음 설탕을 넣고 섞는다(이때 거품을 많이 낼 필요는 없다).
02. 여기에 레몬 껍질과 오렌지 껍질, 로즈메리, 박력분을 넣어 가볍게 섞는다.
03. 2에 녹인 버터를 넣어 섞은 후 반죽을 숟가락으로 떠서 얇게 팬에 편다.
04. 190℃ 오븐에서 5~6분 갈색이 나도록 구운 뒤 바로 오븐에서 꺼내 방망이 위에 얹어 모양이 잡히도록 눌러 준다. 이때 식으면 굳어 부서지므로 뜨거울 때 빨리 해야 한다.

01

02

03

04

로즈메리는 향기가 좋은 허브 식물이에요. 4~5월에 엷은 자줏빛 꽃을 피우는데 이 꽃에서 얻은 벌꿀은 프랑스의 특산품으로 최고의 꿀로 알려져 있답니다.

쿠키 아줌마의 족집게 노하우!

1. 쿠키 팬에 반죽을 펼 때는 숟가락 뒤쪽을 이용해 고루 얇게 펴도록 합니다.

2. 방망이가 움직이지 않도록 고정하고, 한꺼번에 많이 구우면 방망이 위에서 모양 잡는 것이 너무 바빠 그냥 굳어 버릴 수도 있으므로 조금씩 구워 내는 것이 좋습니다.

3. 오렌지, 레몬, 로즈메리 대신 슬라이스 아몬드나 슬라이스 코코넛을 넣어서 해도 맛이 좋습니다. 깨를 넣으면 깨전병이 되겠지요.

녹차해바라기씨쿠키,
치즈해바라기씨쿠키

박력분 1컵(120g)   녹차가루 1½큰술(10g)   소금 약간   버터 ⅓컵(70g)

설탕 ½컵(100g)   생크림 ¼컵(50g)   바닐라오일 1작은술   해바라기 씨 ½컵(80g)

초콜릿 다진 것 ¼컵(40g)

03

만들기

01. 박력분, 녹차가루, 소금을 체에 쳐 둔다.

02. 상온의 버터를 거품기로 부드럽게 하고 설탕을 조금씩 넣으며 고루 섞는다.

03. 여기에 생크림과 바닐라오일을 조금씩 넣으면서 거품기로 계속 젓는다.

04. 3에 체 친 가루를 모두 넣고 가볍게 섞은 후 해바라기 씨와 초콜릿을 넣고 다시 섞는다.

05. 반죽이 부슬부슬해지면 잘 뭉쳐 냉장고에서 30분가량 숙성시킨다.

06. 숙성된 반죽을 꺼내 동글납작하게 빚어 팬 위에 올려놓고 180℃로 예열한 오븐에 넣어 10~12분 정도 구워 낸다.

04

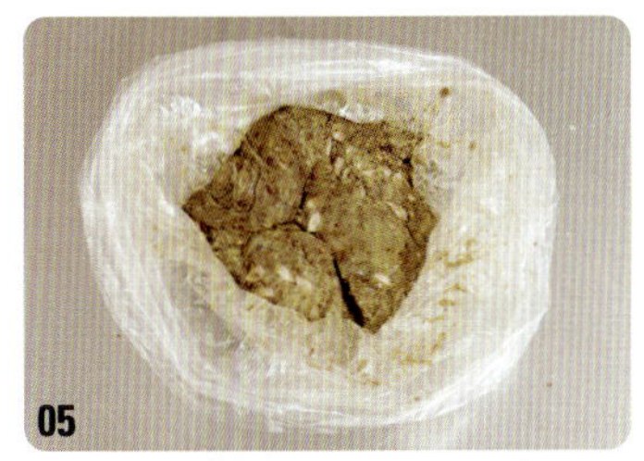

05

06

해바라기 씨에는 필수 아미노산, 칼륨, 칼슘, 철분 등과 비타민 B가 많이 들어 있어 고혈압이나 동맥경화에 좋은 식품이라고 해요. 그러니 뚱뚱한 아빠가 많이 드시면 좋겠죠.

쿠키 아줌마의 족집게 노하우!

1. 녹차가루 대신 황치즈가루를 같은 양으로 넣으면 치즈해바라기씨쿠키가 됩니다.

2. 초콜릿을 넣은 후 너무 많이 만지면 초콜릿이 녹아서 쿠키가 지저분해집니다.

녹차 컵케이크

버터 1컵(225g)   설탕 A $\frac{3}{4}$컵(150g)   달걀노른자 3~4개(63g)   달걀 1$\frac{1}{2}$개(90g)

박력분 1컵(120g)   아몬드가루 1$\frac{1}{2}$컵(150g)   베이킹파우더 $\frac{1}{2}$작은술(3g)

달걀흰자 4개(125g)   설탕 B $\frac{1}{3}$컵과 1큰술(88g)   녹차 1큰술(8g)

호두(미리 구워서 쓰면 좋다) $\frac{3}{4}$컵(75g)   장식용 호두 약간

만들기

01. 상온에 두었던 버터를 부드럽게 저어 크림 상태로 만든 다음 설탕 A를 넣고 젓는다.

02. 1에 달걀노른자와 달걀 1개 반 섞은 것을 조금씩 넣으며 색이 하얗게 될 때까지 거품기로 젓는다.

03. 박력분, 아몬드가루, 베이킹파우더를 체에 쳐서 섞는다.

04. 달걀흰자를 50% 정도 풀어지도록 저은 후 설탕 B를 조금씩 넣어 80%의 머랭을 만든다(거품기를 들어 올렸을 때 끝이 약간 휘는 정도).

05. 2에 머랭의 $\frac{1}{3}$을 넣고 살살 섞은 뒤 녹차와 호두를 넣고 섞는다.

06. 여기에 가루의 $\frac{1}{2}$, 다시 머랭의 $\frac{1}{3}$, 다시 가루 $\frac{1}{2}$, 나머지 머랭을 순서대로 넣고 섞는다.

07. 완성된 반죽을 머핀 틀에 붓고 장식용 호두를 얹어 180℃로 예열한 오븐에 넣어 30~40분 정도 구워 낸다.

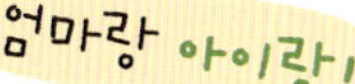

호두는 지방, 단백질, 칼슘, 포도당, 비타민 B·E 등이 들어 있는 영양가 높은 견과류예요. 특히 호두에 들어 있는 지방은 혈액 속 콜레스테롤을 제거하는 역할을 한답니다.

쿠키 아줌마의 족집게 노하우!

1. 녹차 잎을 적당히 부수어 잎 모양이 어느 정도 남아 있는 것이 좋습니다.

2. 녹차 잎 대신 얼그레이나 다른 찻잎을 써도 됩니다.

부드러운 당근 맛의 웰빙 케이크
당근컵케이크

- **●아이싱 재료**　크림치즈 $\frac{1}{2}$컵(113g)　버터 $\frac{1}{4}$컵(56g)　바닐라에센스 $\frac{1}{2}$작은술
분당 $\frac{1}{2}$컵(60g)
- **●케이크 재료**　당근 다진 것 1$\frac{1}{2}$컵(180g)　박력분 1컵(120g)　베이킹파우더 1작은술
베이킹소다 1작은술　계핏가루 1작은술　소금 약간　달걀 2개　식용유 $\frac{3}{4}$컵(150g)
설탕 $\frac{2}{3}$컵(115g)　호두 $\frac{3}{4}$컵(75g)

크림치즈 아이싱 만들기

01. 큰 볼에 크림치즈와 버터, 바닐라에센스를 넣고 거품기를 이용해 중간 속도에
서 부드럽게 될 때까지 젓는다.
02. 분당을 조금씩 섞으면서 천천히 저어 준다.

케이크 만들기

03. 당근을 채칼로 가늘게 썬 뒤 적당한 크기로 잘라 둔다.
04. 박력분, 베이킹파우더, 베이킹소다, 계핏가루, 소금을 체에 친다.
05. 달걀을 거품 낸 후 식용유를 조금씩 넣으며 섞다가 설탕을 넣고 섞는다. 여기
에 체 친 가루를 넣어 가볍게 섞는다.
06. 여기에 당근과 호두를 넣는다.
07. 반죽을 머핀 틀에 부어 180℃로 예열한 오븐에 넣고 30~35분 정도 굽는다.
08. 케이크가 완전히 식은 후, 준비된 크림치즈 아이싱을 짜서 장식한다.

당근에는 비타민 A와 C가 많이 들어 있어요. 특히 비타민 A는 우리
눈 건강에 아주 좋답니다.

쿠키 아줌마의 족집게 노하우 !

미국에 가기 전, 미국 유학을 다녀온 친구가 만들어 준 당근케이크 맛을 잊을 수가 없습니다. 케이
크에 당근을 넣은 것이 생소하기도 하고, 당근이라는 말을 듣지 않았다면, 뭔지도 모르고 먹어 버렸을
겁니다. 당근케이크는 아이들도 참 좋아합니다. 위에 얹은 크림치즈의 맛과도 절묘하게 어우러지는 맛
을 냅니다. 그렇지만 아침에 먹을 때는 아이싱을 하지 않고 먹는 것이 담백하고 좋습니다.

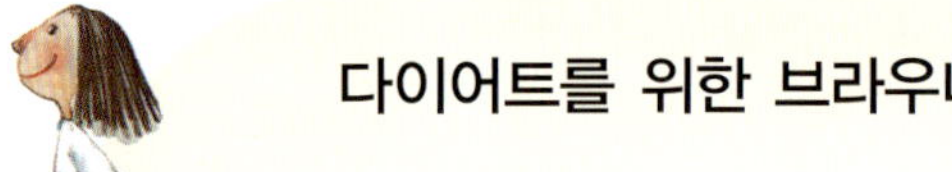

저지방 브라우니

박력분 1컵(120g)   베이킹파우더 ½작은술   코코아가루 1큰술   설탕 3큰술(40g)

황설탕 ⅓컵(70g)   달걀 2개   바닐라오일 1작은술   포도씨유 1½큰술

저지방 플레인요구르트 ½컵(100g)

만들기

01. 박력분, 베이킹파우더, 코코아가루, 설탕, 황설탕을 체에 친다.

02. 볼에 달걀을 풀고 바닐라오일, 포도씨유, 플레인요구르트를 넣어 거품기로 잘 섞는다.

03. 1과 2를 가볍게 섞어 2호 사각 팬에 담는다.

04. 180℃로 예열한 오븐에 넣어 25분간 구워 낸다.

브라우니는 원래 상당히 단맛이 납니다. 하지만 이 레시피로 만든 브라우니는 덜 달고 담백한 맛을 내는 편입니다.

쿠키 아줌마의 족집게 노하우 !

미국인들이 즐겨먹는 브라우니의 이름은 갈색(Brown)이라 '브라우니(Brownie)'라 붙여졌다는 설과 스코틀랜드 전설에 나오는 요정의 이름이라는 설이 있습니다. '브라우니' 요정은 모두 잠든 밤에 접시를 닦아 놓고 부엌을 정돈하는 아주 착한 요정이라고 합니다. 주로 부엌에서 케이크를 만드니까 귀여운 부엌 요정의 이름을 붙이게 된 것 아닐까요.

찹쌀을 이용한 영양 간식
찹쌀푸딩

달걀 1½개   생크림 1큰술 모자란 1컵(220g)   설탕 ½컵(100g)   찹쌀가루 250g
녹차가루 1큰술   베이킹파우더 2½작은술   바닐라오일 ½작은술   팥앙금 적당량
버터 2½큰술(30g)   아몬드가루 2½큰술

만들기

01. 달걀, 생크림, 설탕을 거품기로 잘 저어 섞는다.
02. 여기에 찹쌀가루와 녹차가루, 베이킹파우더 체 친 것, 바닐라오일을 넣고 반죽한다.
03. 잘 섞은 반죽의 ⅔를 버터 바른 틀에 넣고 팥앙금을 동그랗게 만들어 올린 후, 나머지 반죽을 채운다.
04. 반죽 위에 녹인 버터와 아몬드가루 섞은 것을 조금씩 올려 장식한다.
05. 180℃로 예열한 오븐에 넣어 50분간 구워 낸다.

01

02

03

04

푸딩은 따뜻할 때 먹어야 제 맛이에요. 식은 푸딩은 전자레인지에 살짝 데워 드세요. 훨씬 부드럽고 풍부한 맛이 난답니다.

쿠키 아줌마의 *족집게 노하우!*

1. 방앗간에서 찹쌀을 빻을 때 알아서 적당량의 소금을 넣어 주므로 그대로 사용하면 됩니다.

2. 시판하는 찹쌀가루를 사용할 때는 생크림을 약간만 더 넣어 주세요.

3. 푸딩용 그릇이 없을 때는 머핀 틀에 일회용 알루미늄 베이킹 컵을 깔고 구워 주세요. 종이는 잘 안 떨어집니다.

4. 다 구우면 윗부분이 빵빵하게 부풀어 올랐다가 푹 꺼집니다.

건강 재료를 사용하여 건강 쿠키를 만들자

녹차

녹차에는 단백질, 지방, 10여 가지 비타민 등 300여 종의 성분이 포함되어 있어 영양가가 높으며 생리 기능을 조절하는 효능이 있다. 또 다량의 카페인이 함유되어 있는데 커피의 카페인과는 다른 부드러운 지용성 카페인으로 체내에서 서서히 녹으며 몸을 활기 있게 해 주어 수험생이나 정신 활동을 많이 하는 사람들에게 매우 좋다.

녹차는 가루를 내어 써도 좋고 적당한 크기로 부수어 넣어도 씹히는 맛이 있어 좋다.

클로렐라

새로운 건강식품으로 떠오르고 있는 클로렐라는 식물성 단백질의 함유량이 55~65%로 단백질의 대명사로 불리는 콩보다도 높고 8가지 필수 아미노산이 골고루 들어 있다.

또한 비타민을 비롯하여 칼슘, 마그네슘, 망간, 구리, 아연, 코발트 등이 골고루 함유되어 있으며 영지버섯이나 표고버섯에 들어 있는 베타글루칸, 등푸른 생선에 들어 있는 EPA라는 물질도 들어 있는 건강식품이다.

반죽을 할 때 레시피에 없더라도 녹차가루나 클로렐라가루를 넣으면 초록빛의 건강 쿠키가 된다. 보통 레시피에 있는 밀가루에 1큰술 정도의 녹차나 클로렐라 가루를 넣어 같이 체 쳐 주면 된다.

올리고당

물엿이 들어가는 것에 올리고당을 대체해서 쓰면 당뇨나 비만인 사람에게 도움이 된다.

올리고당은 콜레스테롤 배설, 항암 작용, 혈압 상승 억제, 장내 유효 세포 활성화, 혈당 조절, 체내 중금속 배출 등에 효과가 있다.

흑설탕

사탕수수에서 채취한 원당을 정제하지 않고 만든 설탕으로 진한 흑갈색을 띤다.

보통 사용하는 백설탕은 사탕수수의 즙을 정제하여 단맛을 더욱 강하게 만든 것으로 당분만 남고 다른 수백 가지 영양소가 정제 과정을 통해 사라진다. 당연히 흑설탕이 훨씬 많은 영양소를 가지고 있다.

이왕이면 유기농 흑설탕을 쓰면 더욱 좋다. 유기농 흑설탕은 색이 약간 진하게 나지만 보통의 흑설탕만큼 까맣지는 않다.

견과류

호두, 땅콩, 아몬드, 잣, 밤 등의 견과류에는 각종 비타민과 불포화지방산이 풍부하다. 비타민 B1은 피부를 보호하는 데 도움을 주고, 항산화 효과가 있는 비타민 E는 피부 노화를 억제하는 효능이 있다. 특히 불포화지방산은 혈액 속 중성지방과 콜레스테롤의 양을 줄어들게 하는 '건강에 좋은' 지방산이다. 불포화지방산은 혈액순환 장애 및 심장병 등의 성인병 예방에 효과가 있는 것으로 알려졌다.

뿐만 아니라 견과류는 뇌세포를 성장시키는 성분을 다량 함유하고 있어 어린이의 두뇌 발달에 아주 좋은 식품이다.

하지만 땅콩, 호두 등은 칼로리가 높으므로 체중을 줄이고 싶은 사람은 먹는 양에 주의해야 한다. 땅콩 한 주먹이면 쌀밥 한 공기와 칼로리가 비슷하다고 한다.

견과류는 쿠키의 맛을 더욱 좋게 해 주는 재료로 덩어리째로 넣거나 잘게 다져 가루로 만들어 사용한다.

아이의 건강을 위협하는 '트랜스 지방산'

일반적으로 버터 · 고기 기름 같은 동물성 지방은 고체 형태로 되어 있고, 옥수수기름 · 참기름 · 콩기름과 같은 식물성 기름은 액체 형태를 띠고 있다. 액체 상태의 기름을 쉽게 보관하거나 운반하기 위해 화학적으로 수소를 첨가시켜 고체로 만든 것을 '경화유'라고 하는데 마가린 · 쇼트닝 등이 여기에 해당한다.

그런데 경화유를 만드는 과정에서 우리 몸에 좋지 않은 성분이 생긴다. 이것이 바로 '트랜스 지방산'이다.

트랜스 지방산은 우리 몸의 혈관 속에 좋은 콜레스테롤(고밀도 지질단백질)을 줄이고 나쁜 콜레스테롤(저밀도 지질단백질)을 만든다.

저밀도 지질단백질은 부피가 작아 혈관 속을 마음대로 돌아다니다가 혈관 벽에 쌓이면서 심혈관 관계 질환이나 동맥경화 · 심장병 같은 질병을 일으킨다.

쿠키나 케이크를 만들 때 마가린 · 쇼트닝을 쓰면 값도 싸고 좀 더 바삭한 질감을 얻을 수 있지만, 트랜스 지방산 때문에 우리 아이들의 건강이 위협받고 있다. 따라서 가정에서는 내 아이를 위하여 만드는 쿠키, 케이크에 버터나 불포화지방산이 많이 들어 있는 식물성 기름, 견과류를 사용하여 아이의 건강도 지키고 엄마의 사랑도 듬뿍 주자.

가끔 아침식사로 간단한 케이크와 우유를 내놓는 경우가 있다. 강의 준비로 늦게 잠이 들었거나 전날 가족들이 좋아하는 케이크를 구운 경우가 그렇다. 남편과 아이들도 아침은 간단하게 먹는 걸 좋아해서 가끔 차려 주는 색다른 아침상을 즐기는 편이다. 특히 우리 아이들은 레몬바를 좋아한다.

어느 날인가 아침상에 마들렌과 레몬바 그리고 딸기주스를 내놓았다.

역시 아이들은 즐거운 표정이었다.

그런데 그날따라 남편의 표정이 이상했다. 마들렌을 조금 베어 물고는 야릇한 표정을 짓는 것이 아닌가? 마치 꿈속을 헤매는 것처럼 눈까지 가늘게 뜨고.

조금 이상해서 내가 물었다.

"당신 무슨 생각을 하는 거야. 도대체 그 표정은 뭐지?"

그러자 남편이 화들짝 놀라며 말했다.

"아니, 뭐 그냥. 그 드라마 주인공이었지? 삼순이라는 아가씨가 왜 마들렌을 섹시 쿠키라고 했을까? 하는 생각이 들어서."

아침부터 섹시 쿠키라니. 남편은 다시 눈을 가늘게 뜬 채 계속 말을 이었다.

"이제까지는 별 생각 없이 날름날름 먹었는데 맛을 음미하면서 천천히 먹어 보니 그 뜻을 알 것도 같아. 혀끝에 부드러움이 느껴지고, 적당히 달콤하고, 그러면서도 촉촉한 맛이 일품이잖아. 마치 젊은 시절 달콤한 첫키스의 맛이랄까?"

난 낭만적인 기분에 취한 남편에게 한마디 안 할 수 없었다.

"그런데? 그게 누구야?!"

03

바쁜 아침, 가족에게
건강과 행복을 선물하세요

마들렌

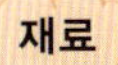

재료

박력분 ¾컵(90g)   베이킹파우더 ½작은술   소금 약간   달걀 2개   설탕 ⅓컵(85g)
꿀 ½큰술   바닐라오일 ¼작은술   레몬 껍질(option) ½작은술   버터 7큰술(100g)

만들기

01. 박력분, 베이킹파우더, 소금을 체에 친다.
02. 볼에 달걀을 풀고 거품기로 5분 이상 저어 거품을 낸다.
03. 달걀 거품에 설탕을 2~3번으로 나눠 넣으며 저어 주고, 꿀을 넣고 계속 저어 부드러운 크림 상태로 만든다.
04. 여기에 바닐라오일과 레몬 껍질을 넣고 1의 가루를 넣어 저속으로 잘 섞는다.
05. 마지막으로 녹인 버터를 넣어 고루 섞은 뒤 냉장고에서 4~5시간 정도 숙성시킨다.
06. 마들렌 틀에 미리 버터를 발라 냉장고에 넣었다가 굽기 전 다시 한 번 버터를 바른다.
07. 짤주머니로 팬에 반죽을 70% 정도 붓고 190℃로 예열한 오븐에 넣어 15분 정도 굽는다. 이때 쿠키 팬을 두 겹으로 한다.

엄마가 반죽하는 동안 빵을 구울 틀에 미리 버터칠을 해 놓으면 어떨까요?

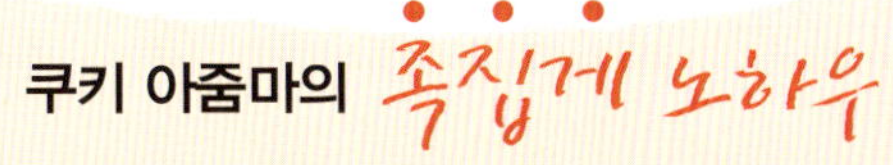

쿠키 아줌마의 족집게 노하우!

1. 반죽은 4~5일 정도 냉장고에 보관 가능합니다.
2. 팬에 버터칠을 잘해야 마들렌의 조가비 모양이 잘 나옵니다.
3. 숙성을 제대로 시키지 않으면 구워 낸 빵의 표면에 구멍이 조금씩 나며 거칠어 보이게 됩니다.
4. 마들렌은 구운 다음 완전히 식혀 밀봉해서 하루 정도 지난 후에 먹는 것이 가장 맛있습니다.

살구호두바

버터 ½컵(113g)   메이플시럽 2큰술   황설탕 ⅓컵(70g)   오트밀 2컵(200g)
호두 다진 것 ½컵(50g)   살구 다진 것 ¼컵(50g)

만들기

01. 소스 팬에 버터, 메이플시럽, 황설탕을 넣고 버터가 녹을 때까지 저은 뒤 불을 끈다.
02. 오트밀, 호두, 살구를 고루 섞어 1의 소스 팬에 넣고 버무리듯 섞는다.
03. 기름칠한 2호 사각 팬에 반죽을 꾹꾹 눌러 펴고 160℃로 예열한 오븐에 넣어 25~30분 정도, 가장자리가 갈색이 날 때까지 굽는다.
04. 식은 다음 꺼내 자른다.

살구에는 비타민 A와 베타카로틴, 구연산과 사과산이 많이 들어 있어요.
이런 성분들은 신진대사를 좋게 해 주고 항암 효과도 크납니다.

쿠키 아줌마의 족집게 노하우!

1. 다이어트용은 아니지만, 잘라서 포장해 두었다가 바쁜 아침 시간이나 식사를 거른 날에 하나씩 가지고 나가서 먹으면 든든한 식사 대용이 될 수 있습니다.

2. 오븐에서 갓 구워 나올 때는 버터 녹은 것이 지글거려 보이나 식으면서 굳어져 모양이 잡힙니다.

건포도스콘

강력분 1¼컵(150g)   박력분 1¼컵(150g)   설탕 2큰술(30g)   소금 1작은술
베이킹파우더 1½작은술   버터 ¼컵(60g)   달걀 1개   바닐라오일 약간
우유 ¾컵과 1½큰술(100g)   건포도 또는 크랜베리 ½컵(70g)   달걀물 약간

만들기

01. 밀가루, 설탕, 소금, 베이킹파우더를 체에 친다.

02. 버터를 작게 썰어 냉장고에 넣어 둔다.

03. 커터기에 1과 2를 한데 넣고 살짝살짝 돌려 보슬보슬하게 만든다(커터기가 없을 경우에는 스크레이퍼를 이용해 재료를 칼로 자르듯이 다져 보슬보슬한 빵가루 모양이 되도록 만든다).

04. 달걀, 바닐라오일, 우유 섞은 것을 반죽에 넣고 가볍게 섞는다.

05. 마지막으로 건포도를 넣어 가볍게 반죽한다.

06. 반죽을 뭉쳐 비닐봉지에 담아 냉장고에 넣어 30분간 숙성시킨다.

07. 반죽을 2.5~3㎝ 두께로 밀어 쿠키 커터로 찍거나 삼각, 사각 모양으로 칼로 자른다. 이때 반죽을 도톰하게 미는 것이 먹음직스러워 보인다.

08. 달걀물을 발라 190℃로 예열한 오븐에 넣어 15~20분 정도 구워 낸다.

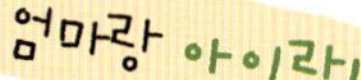

건포도는 철분이 많이 들어 있는 식품이에요. 건포도는 기원전부터 만들어 먹었다고 해요. 건포도는 알이 작고 씨가 없는 건포도용 포도로 만든답니다.

쿠키 아줌마의 족집게 노하우!

1. 이 빵은 과연 어떤 맛이 날까요? 패스트푸드점에서 파는 비스킷을 생각하면 됩니다.

2. 건포도를 넣지 않으면 플레인스콘, 호두를 넣으면 호두스콘이 됩니다.

3. 건포도나 크랜베리는 럼주에 하루 정도 담갔다 사용하세요.

4. 반죽을 뭉칠 때는 짓주무르지 말고 계속 접듯이 해 주어야 결이 잘 생깁니다.

식빵스틱

버터 ½컵(100g)   연유 2½큰술(50g)   식빵 5~6장   설탕 약간   계핏가루 약간

만들기

01. 버터와 연유를 저으면서 한데 끓인다.
02. 식빵 위에 1을 충분히 바르고 뒤집어서 다시 1을 바른다.
03. 165℃로 예열한 오븐에 넣어 30분간 뒤집어 가며 굽는다.
04. 뜨거울 때 설탕과 계핏가루를 솔솔 뿌려 먹기 좋은 크기로 자른다.

식빵을 먹을 때 부드러운 속살은 맛있지만 겉껍질은 맛이 없죠. 하지만 이렇게 만들어 먹으면 겉껍질이 훨씬 바삭하고 맛있답니다.

쿠키 아줌마의 족집게 노하우!

자르지 않은 식빵을 사다가 커다란 삼각형으로 잘라 겉면 전체에 버터 섞은 연유를 발라서 노릇하게 구워 내도 맛있습니다. 겉은 바삭, 속은 폭신.

피낭시에

태운 버터 1½컵(330g)   박력분 ¾컵(90g)   강력분 ¾컵과 1큰술(100g)
아몬드가루 1½컵(158g)   분당 1¼컵(158g)   설탕 ¾컵(150g)
달걀흰자 11~12개(400g)   베이킹파우더 1작은술(6g)

만들기

01. 버터를 냄비에 넣고 태운다. 버터가 녹아 갈색이 돌고 향긋한 냄새가 나며 약간의 가루가 생길 때까지 끓인 후 찬물에서 식힌다. 식히지 않고 냄비에 넣은 채 그냥 있으면 그릇의 열로 인해 버터가 너무 많이 타게 된다.

02. 밀가루, 아몬드가루, 분당, 설탕을 한꺼번에 체 쳐서 섞는다.

03. 달걀흰자를 거품기로 대충 풀어 2의 가루와 잘 섞는다. 거품을 내기 위한 것이 아니고, 쫄깃한 맛을 위한 것이므로 너무 많이 젓지 않는다.

04. 식힌 태운 버터를 체로 걸러 3에 넣어 섞는다. 이때 태운 버터의 가루를 일부 넣는다. 이 태운 가루가 들어가면 피낭시에에 버터의 맛이 강해진다.

05. 이것을 반나절 정도 냉장고에 넣어 숙성시킨다.

06. 틀에 버터를 듬뿍 바르고 밀가루를 뿌려 냉동실에 넣어 두었다가 짤주머니로 반죽을 짜서 빵 모양을 만든다.

07. 다시 냉장고에서 하루 정도 숙성시킨 뒤, 180℃로 예열한 오븐에 넣어 15~20분 정도 구워 낸다.

피낭시에란 '금괴'라는 뜻을 가진 말로 금괴처럼 생긴 빵이라서 붙여진 이름이에요. 피낭시에를 선물하면 복을 선물한다는 뜻이 담겨 있답니다.

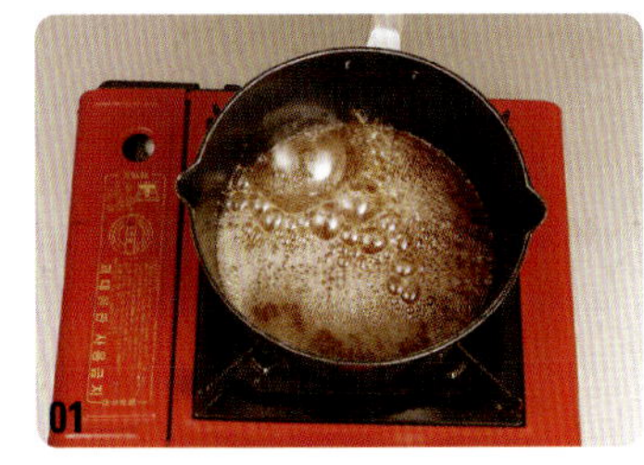

01

03

04

06

쿠키 아줌마의 족집게 노하우!

1. 버터를 태우는 정도는 개인의 기호에 따라 가루가 많이 생길 때까지 할 수도 있고 덜 할 수도 있습니다.

2. 바쁘고 귀찮을 때는 숙성된 반죽을 틀에 짜서 그냥 구워도 됩니다.

3. 숙성이 충분히 되지 않으면 배불뚝이처럼 가운데가 솟아오르는데 맛에는 지장이 없습니다.

4. 피낭시에는 마들렌과 마찬가지로 완전히 식혀 밀봉한 뒤, 하루 정도 지난 다음에 먹는 것이 가장 맛있습니다.

찹쌀떡케이크

검은콩(삶아서 시럽에 졸인 것) 300g   찹쌀가루(소금 섞어 빻은 것) 750g
베이킹파우더 1½작은술   베이킹소다 ½작은술   두유(시중에서 파는 검은콩 두유) 330g
달걀 1½개   해바라기 씨 50g   호두 150g   대추(씨 발라내고 얇게 채 친 것) 50g
단호박 찐 것(250g까지는 넣어도 되고 밤을 넣어도 됨) 200g

만들기

01. 불린 검은콩을 삶아 설탕과 물의 비율이 1:2의 양으로 하여 윤이 날 때까지 졸인다.
02. 찹쌀가루, 베이킹파우더, 베이킹소다를 골고루 섞는다.
03. 두유와 달걀 푼 것을 섞는다.
04. 두유와 달걀을 제외한 모든 재료를 볼에 넣고 고무 주걱을 사용하여 골고루 섞는다.
05. 4에 두유와 달걀 섞은 것을 넣고 다시 한 번 반죽한다.
06. 5를 실리콘 페이퍼를 깔아 놓은 4호 파이 팬 혹은 4호 정사각 모양의 오븐 팬에 담고 단호박 찐 것을 적당한 크기로 잘라 위에 장식한다.
07. 190℃로 예열한 오븐에 넣어 45~55분 정도 구워 낸다.

01

04

05

06

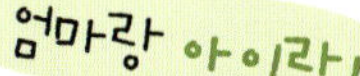

찹쌀은 끈기가 있어 요리를 하면 일반 쌀보다 훨씬 감칠맛이 나요. 소화도 잘되어 위장이 안 좋은 사람에게 도움이 되고 일반 쌀에 비해 철분도 많이 들었답니다.

쿠키 아줌마의 족집게 노하우!

1. 찹쌀떡케이크는 여유 있게 만들어 작게 잘라 랩으로 싸서 냉동실에 보관했다가 먹으면 편하고 좋습니다.

2. 먹을 때는 자연 해동해서 아침식사 대용으로 드세요. 금방 만든 것처럼 정말 맛있답니다.

3. 달걀은 아토피가 있는 경우에는 넣지 마시고 그 대신 두유를 50g 정도 더 넣어 주세요.

4. 단호박 찐 것은 잘라 반죽 속에 넣어도 되고, 적당한 크기로 잘라 06의 사진처럼 위에 장식해도 됩니다.

과일컵케이크

통조림 과일 ½통   박력분 1⅓컵(200g)   베이킹파우더 ½작은술   버터 ¾컵(160g)
설탕 ¾컵(160g)   소금 ½작은술   달걀 3개   바닐라오일 ½작은술   호두 ½컵(50g)

만들기

01. 프루츠 통조림은 내용물을 꺼내 물기를 빼 둔다.

02. 박력분, 베이킹파우더를 체에 쳐서 섞어 놓는다.

03. 상온에 두었던 버터를 거품기로 저어 부드럽게 한 뒤 설탕과 소금을 2~3회에 나누어 넣으면서 크림 상태가 될 때까지 젓는다.

04. 여기에 달걀 노른자를 1개씩 넣어 가며 거품기로 젓다가 흰자와 바닐라오일도 조금씩 넣어 크림을 만든다.

05. 만들어진 크림에 2의 체 친 가루를 넣고 고무 주걱으로 살살 섞은 다음 통조림 과일과 호두를 넣어 고루 섞는다. 이때 과일과 호두에 미리 약간의 체 친 가루를 살짝 버무렸다가 섞어 주면 구웠을 때 밑으로 다 가라앉지 않는다.

06. 파운드 틀이나 베이킹 컵에 넣어 180℃로 예열한 오븐에서 40~45분 정도 구워 낸다.

달걀노른자에는 레시틴이란 성분이 들어 있어요. 이 성분은 기름과 물처럼 서로 잘 섞이지 않는 물질을 잘 섞이도록 도와주는 성질이 있답니다.

쿠키 아줌마의 족집게 노하우!

1. 파운드케이크란 밀가루, 설탕, 버터를 각각 1파운드씩 같은 양을 넣어 만든 것에서 유래된 말입니다.

2. 이 과일컵케이크는 설탕과 버터가 밀가루의 양에 비해 적기 때문에 파운드케이크치고는 담백하면서도 통조림 과일이 들어가 부드럽습니다.

3. 남은 통조림의 시럽은 과일을 갈아서 먹을 때 혹은 고기를 잴 때 사용하면 좋습니다.

4. 달걀 노른자에는 기름과 물을 섞이게 해 주는 레시틴이라는 유화제 성분이 들어 있습니다. 흰자는 수분의 함량이 많아서 흰자가 들어가게 되면 순두부처럼 버터가 약간 몽글몽글해지지만, 처음에 노른자로 크림화가 잘되어 있으면 금방 잘 섞입니다.

5. 다 식은 후 케이크 윗면에 '미루아'나 '나파주'를 바르면 먹음직스러워 보입니다. 살구잼에 물을 약간 넣어 끓여서 발라 줘도 좋습니다.

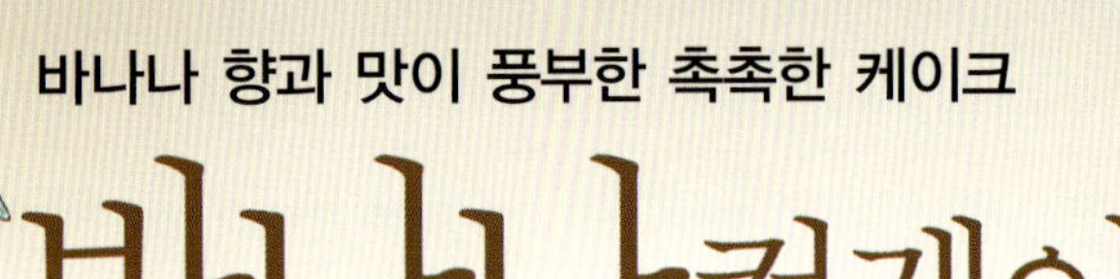

바나나컵케이크

박력분 1½컵(180g)   베이킹파우더 ⅛작은술   베이킹소다 ½작은술

소금 ½작은술   계핏가루 ¾작은술   바나나 으깬 것 1컵(210g)   달걀 1½개

설탕 ½컵(100g)   식용유 ½컵(100g)   바닐라오일 1½작은술   호두 ¼컵(25g)

만들기

01. 박력분, 베이킹파우더, 베이킹소다, 소금, 계핏가루를 체에 쳐 놓는다.

02. 바나나를 으깬다. 으깨는 정도는 개인의 취향에 따라 완전히 죽같이 으깨도 되고, 바나나가 보이도록 큼직하게 으깨도 된다.

03. 달걀을 풀어 거품 낸 것에 설탕, 식용유를 넣고 충분히 섞은 뒤 바나나 으깬 것과 바닐라오일, 체 쳐 놓은 가루, 호두를 넣고 살살 섞는다.

04. 반죽을 머핀 틀에 부어 180℃로 예열한 오븐에 넣고 40~50분 정도 굽는다. 구울 때는 반죽을 머핀 틀에 담은 다음 가운데에 바나나를 잘라 얹어도 좋다.

01

02

03

04

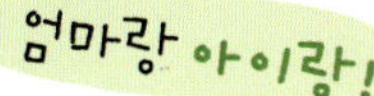

바나나 으깨기는 정말 재미있어요. 부드러운 바나나를 볼에 넣고 으깨다 보면 달콤한 향기에 나도 모르게 군침이 돈답니다.

쿠키 아줌마의 *족집게 노하우!*

1. 바나나를 으깰 때 접시에 놓고 포크로 으깨면 잘 으깨집니다.

2. 바나나는 겉이 검게 된, 익은 것이 맛과 향이 좋습니다.

3. 바나나 한 송이 사서 먹다가 거메져서 먹기 싫어졌을 때 만들면 딱 좋습니다.

포피시드가 씹히고, 슬라이스 아몬드가 올려진 컵케이크

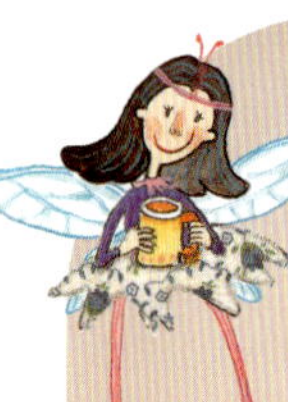

포피시드컵케이크

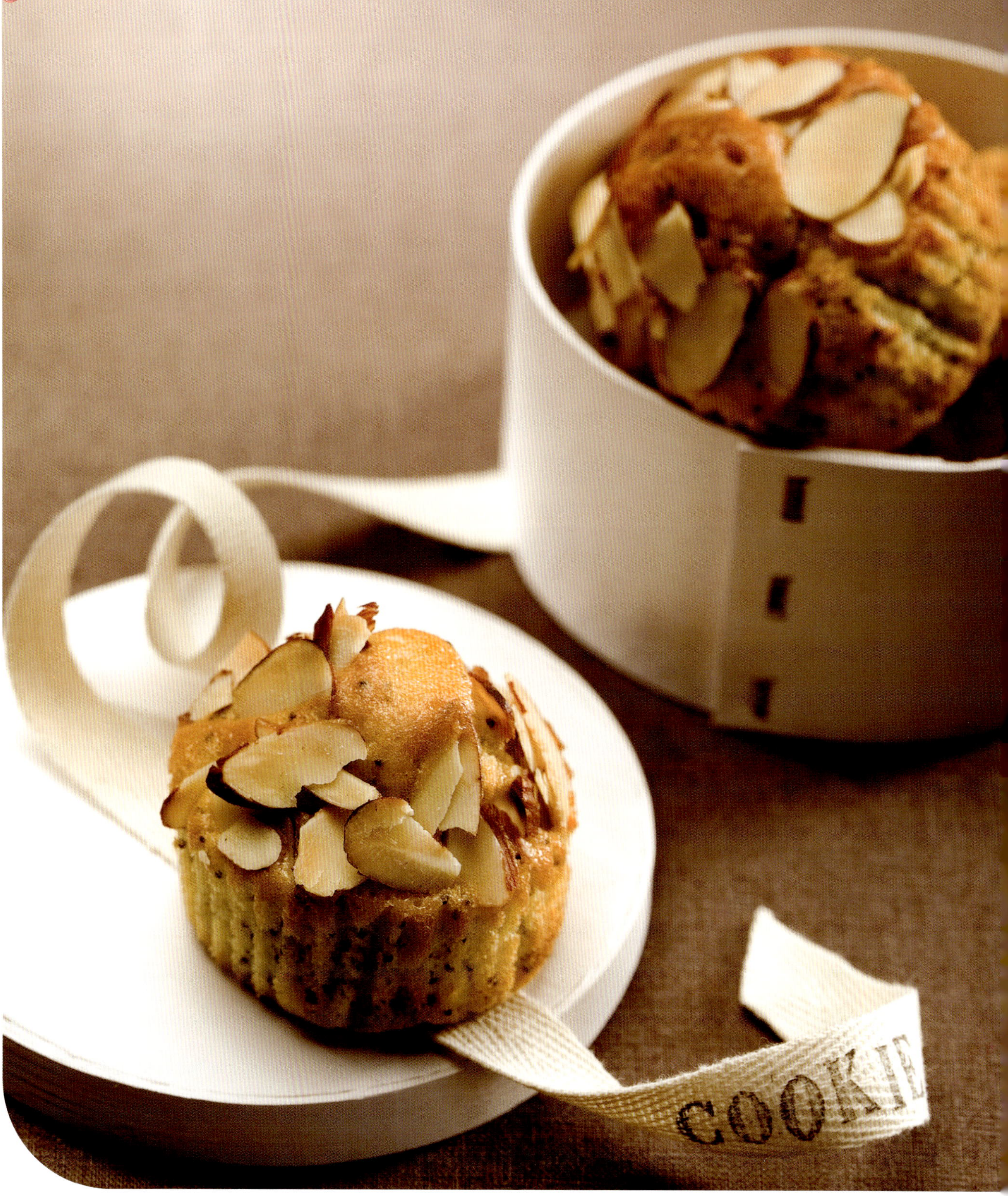

설탕 ¾컵(150g) 식용유 ⅓컵(65g) 달걀 큰 것 2개 포피시드 2큰술(20g)
박력분 1½컵(180g) 베이킹파우더 ¾작은술 소금 ¼작은술 우유 ½컵(120g)
슬라이스 아몬드 ⅓컵(30g) 분당 약간

만들기

01. 큰 볼에 설탕, 식용유, 달걀, 포피시드(양귀비 씨를 쪄서 말린 것)를 한데 넣고 거
품기로 잘 섞일 때까지 젓는다.

02. 박력분, 베이킹파우더, 소금을 체에 쳐 둔다.

03. 1에 체 친 가루와 우유를 번갈아 넣어 주며 거품기를 저속으로 돌려 섞는다.
이때 가루는 3등분하여 맨 처음과 마지막에 넣도록 한다.

04. 머핀 틀에 반죽을 붓고 그 위에 아몬드를 적당히 뿌려, 180℃로 예열한 오븐에
넣어 30~40분 정도 굽는다.

05. 다 구워지면 식힌 후 꺼낸다. 먹기 전에 분당을 체로 쳐서 장식한다.

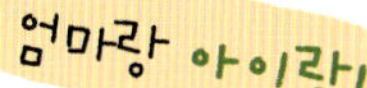

분당(슈거파우더)은 곱게 간 설탕에 전분을 약간 섞은 것으로
설탕보다는 단맛이 덜해요. 분당을 체로 쳐서 장식하면 마치
컵케이크에 눈이 내린 것 같답니다.

쿠키 아줌마의 족집게 노하우!

1. 포피시드가 양귀비 씨라서 중독되지 않느냐고 묻는 분이 있더군요. 걱정 마세요, 그런 일은 없으
니까요.

2. 포피시드는 씹히는 맛이 재미있습니다. 완성된 빵을 보면 키위 갈아 넣었냐고 물어 보는 사람
들이 있습니다. 톡톡 씹히는 맛이 키위 씨를 씹는 느낌이 나기 때문입니다.

3. 포피시드는 수입품이기 때문에 남대문 수입품 코너에 가야 살 수 있습니다.

베이컨옥수수머핀 

베이컨 8조각   버터 ½컵(113g)   우유 1컵(240g)   달걀 2개   박력분 1컵(120g)
베이킹파우더 1큰술   설탕 1작은술   소금 ¼작은술   옥수수가루 1½컵(185g)

만들기

01. 베이컨을 바싹 구워 잘게 잘라 놓는다.
02. 냄비에 버터를 넣고 중탕으로 녹인 후 우유를 섞는다.
03. 냄비를 불에서 내리고 잘 푼 달걀을 섞는다.
04. 박력분, 베이킹파우더, 설탕, 소금, 옥수수가루를 체에 쳐 둔다.
05. 3에 4의 체 친 가루를 넣고 가볍게 섞은 다음 잘라 놓은 베이컨을 넣는다.
06. 반죽을 머핀 컵에 담아 180℃로 예열한 오븐에 넣어 20분 정도 구워 낸다.

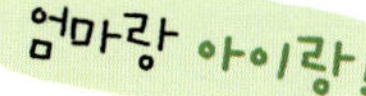

베이컨은 바싹 구워 기름을 쪽 빼는 것이 좋아요. 베이컨 기름이 많이 남아 있으면 아무래도 맛이 떨어거든요.

쿠키 아줌마의 족집게 노하우!

1. 베이컨을 구울 때는 전자레인지를 이용하면 편리합니다. 베이컨 위 아래로 종이타월을 깔고 1~2분 정도 전자레인지를 돌리면 기름이 잘 빠집니다.

2. 가족들이 베이컨을 좋아하면 조금 더 넣어도 괜찮습니다.

쿠키와 간단한 케이크로 아침상 차리기

바쁜 아침, 입맛 없는 가족을 위해 식사를 대신할 만한 쿠키나 컵케이크에 샐러드와
음료를 곁들인 멋진 아침상을 차려 보세요.

메뉴1

찹쌀떡 케이크와 딸기 우유

잘 구워진 찹쌀떡케이크
딸기우유

〈딸기우유 만들기〉

딸기 100g, 요구르트 1개, 우유 100g, 꿀 약간을 함께
믹서에 넣고 갈면 맛있는 딸기우유가 된다.

메뉴2

건포도 스콘과 단호박고구마 수프

건포도스콘(전자레인지에 살짝 데운다)
버터 또는 잼
단호박고구마수프
오렌지주스

〈단호박고구마 수프 만들기〉

1. 단호박 1개, 고구마 1개를 전자레인지에 쪄서 큼직하
   게 자른다.
2. 잘 익은 단호박, 고구마를 냄비에 담고 버터 1큰술과
   생크림을 잠길 정도로 넣어 끓인다.

바나나컵케이크와 샐러드

바나나컵케이크
샐러드
우유

〈샐러드 만들기〉

1. 양상추, 오이, 치커리, 파프리카를 적당히 담는다.
2. 파인애플 3조각, 레몬즙 1큰술, 식초 2큰술, 설탕 2큰술, 마요네즈 300ml, 소금 1작은술, 양파 개, 흰후춧가루 약간, 다진 파슬리 약간을 함께 믹서에 넣고 갈아 파인애플 드레싱을 만든다.
3. 1에 2를 끼얹어 낸다.

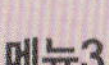

나에게 홈베이킹을 가르쳐 준 캐럴 부인은 부활절이나 크리스마스 같은 때면 여러 가족을 초대해 파티를 열었다. 한 사람이 한 가지씩 요리를 해 와서 같이 먹는 파티였다.

그 덕분에 나는 모임에 나갈 때면 반드시 케이크며 쿠키를 만들어 가는 것이 습관처럼 되었다. 또 가족 생일에도 매번 내가 만든 케이크로 파티를 열었다. 사람들이 내가 만든 케이크를 맛있게 먹는 것이 참 좋았다. 하지만 그러다 보니 어떤 때는 부담감이 생기기도 했다. 몸이 피곤해서 그냥 가고 싶어도 여러 사람이 기대하고 있으니 그냥 갈 수가 없었던 것이다.

그런데 언젠가 한번은 내 생일에 누구도 케이크를 챙기지 않는 일이 생겼다. 항상 내가 만든 케이크로 생일잔치를 하다 보니 가족 중 아무도 케이크를 살 생각을 못한 것이었다.

아무리 내가 케이크를 굽는 사람이라도 내 생일 케이크 만들기는 좀 그렇지 않은가. 그 날은 갑자기 서글퍼지고 정말 화가 많이 났다.

"가까운 사람일수록 더욱 애정이 담긴 배려가 필요합니다."

04

집에서 구운 쿠키로
생일 파티를 열자

아몬드 초코쿠키

박력분 1¼컵(150g)   옥수수전분 4큰술   코코아가루 2큰술(10g)   분유 3큰술

베이킹파우더 1작은술   버터 ½컵(113g)   설탕 ½컵(100g)   달걀노른자 4개

포도씨유 ½작은술   슬라이스 아몬드 ¾컵(60g)

만들기

01. 박력분, 옥수수전분, 코코아가루, 분유, 베이킹파우더를 체에 쳐 둔다.

02. 상온의 버터를 거품기로 부드럽게 풀고 설탕을 조금씩 넣어 가며 크림 상태로 만든다.

03. 여기에 달걀노른자를 조금씩 넣으면서 충분히 저어 주고 마지막으로 포도씨유를 넣는다.

04. 3에 1을 넣고 가볍게 섞어 날가루가 안 보이게 되면 아몬드를 넣고 부서지지 않게 적당히 섞는다.

05. 4를 반죽이 갈라지지 않을 정도로 뭉쳐 2×3㎝ 크기의 직사각 기둥 모양으로 만들어 랩이나 유산지로 싸서 냉동실에서 2시간 이상 굳힌다.

06. 굳은 반죽을 꺼내 0.5㎝ 두께로 썰어 팬에 얹고 180℃로 예열한 오븐에 넣어 12분 정도 구워 낸다.

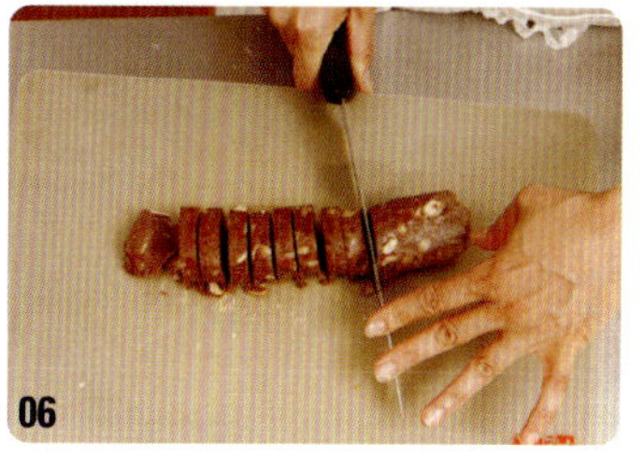

아몬드는 베이킹 재료로 많이 쓰이기 때문에 여러 가지 형태로 가공하여 판답니다.
통아몬드, 슬라이스 아몬드, 작은 조각 아몬드, 아몬드 분말 등이 있지요.

쿠키 아줌마의 족집게 노하우!

1. 냉동 쿠키는 반죽을 최소한으로 해야 바삭거립니다. 그렇지만 날가루가 덜 섞일 정도로 반죽을 하면 쿠키를 굽기 전 칼로 썰 때 부서집니다. 덜 굳어도 부서집니다.

2. 냉동시킨 것이 너무 딱딱하면 상온에 10~20분 정도 놔두었다가 썰면 안 부서지게 잘 썰 수 있습니다.

땅콩버터 쿠키

버터 ½컵(113g) 피넛버터 ½컵(113g) 설탕 2큰술(25g) 황설탕 ½컵(100g)
달걀 1개 박력분 1¼컵(150g) 베이킹파우더 ½작은술 베이킹소다 ¾작은술
소금 ¼작은술

만들기

01. 상온에 두었던 버터, 피넛버터를 같이 거품기로 부드럽게 저어 주고 설탕, 황설탕을 넣어 잘 섞은 뒤 달걀을 넣어 가며 크림 상태로 만든다.

02. 박력분, 베이킹파우더, 베이킹소다, 소금을 체에 친다.

03. 1에 2를 넣고 고무 주걱으로 세로로 칼질하듯 살살 반죽하여 냉장고에서 1시간가량 숙성시킨다.

04. 숙성된 반죽을 꺼내 팬에 한 숟가락씩 떠 놓고 위를 포크로 납작하게 눌러 180℃로 예열한 오븐에 넣어 10~12분 정도 구워 낸다.

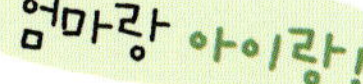

땅콩은 단백질과 무기질 및 비타민이 풍부하고 지방이 많으며 칼로리가 높은 식품입니다. 그래서 너무 많이 먹으면 다이어트에 좋지 않답니다.

쿠키 아줌마의 족집게 노하우!

1. 다 구운 후 딸기잼을 발라 샌드로 만들어 먹으면 더욱 맛있습니다.

2. 땅콩 덩어리가 들어간 크리스피 피넛버터를 쓰면 씹는 맛이 더 좋습니다.

오렌지쿠키

박력분 1¾컵(210g)   베이킹파우더 1작은술   옥수수전분 1큰술(8g)   소금 ½작은술
버터 ½컵(113g)   설탕 ½컵(100g)   달걀노른자 2개   오렌지주스 1큰술
오렌지 껍질 1개분

만들기

01. 박력분, 베이킹파우더, 옥수수전분, 소금을 체에 쳐 둔다.

02. 상온에 두었던 버터를 거품기를 이용해 크림 상태로 만들고 설탕을 조금씩 넣어 가며 잘 젓는다.

03. 여기에 달걀노른자, 오렌지주스, 오렌지 껍질을 갈아 넣고 젓는다.

04. 3에 1의 가루를 넣고 뭉쳐질 때까지 살살 섞은 뒤 한 덩어리로 만들어 비닐봉지에 넣어 냉장고에 1시간가량 놔둔다.

05. 숙성이 잘된 반죽을 한 숟가락씩 떼어서 동그랗게 만들어 기름칠한 팬 위에 올려놓는다.

06. 포크로 반죽 위를 꾹 눌러 납작하게 모양을 내어 190℃로 예열한 오븐에 넣고 8~10분 정도 황금색이 날 때까지 굽는다.

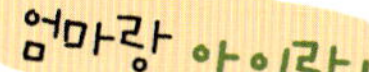

오렌지에는 비타민 C가 많이 들어 있어요. 또 플라보노이드라는 물질이 들어 있는데, 이 물질은 몸속에 유해 산소를 없애 주는 역할을 한다고 해요.

쿠키 아줌마의 족집게 노하우!

1. 오렌지주스 대신 오렌지즙을 내서 사용하면 더 맛있습니다.

2. 달걀 노른자를 쓰고 남은 흰자는 얼렸다가 나중에 해동시켜 써도 됩니다. 하지만 노른자는 얼렸다가 다시 쓸 수 없습니다. 노른자가 남았을 때는 지단을 부쳐 채 썰어 냉동시켰다가 사용해 보세요. 국수나 잡채 등에 고명으로 사용하면 좋습니다.

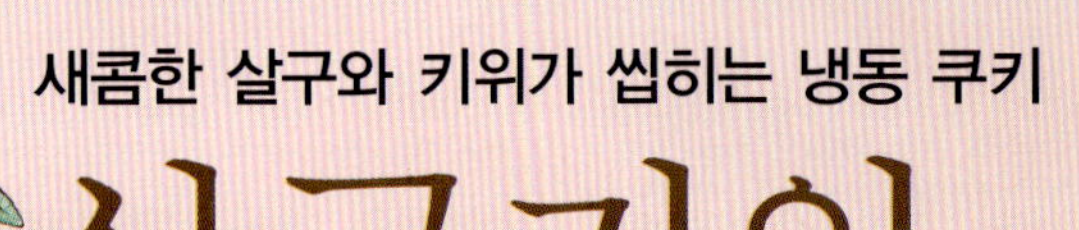

살구키위쿠키

버터 ½컵(113g)   바닐라오일 ½작은술   설탕 ¼컵(50g)   달걀 1개   박력분 1¼컵(150g)
소금 약간   살구 ¼컵(50g)   마른 키위 ¼컵(50g)

만들기

01. 상온에 놓아둔 버터를 거품기를 이용해 부드럽게 한 다음 바닐라오일과 설탕을 넣고 잘 섞은 후 달걀을 넣어 크림 상태로 만든다.

02. 체에 거른 박력분, 소금을 1에 넣어 가볍게 섞고 다진 살구와 키위를 넣어 다시 섞는다.

03. 반죽을 지름 4㎝ 정도의 김밥 모양으로 만들어 랩이나 유산지에 싸서 냉동실에서 굳힌다.

04. 굳은 반죽을 꺼내 3~5㎜ 두께로 썰어 200℃로 예열한 오븐에 넣고 7~8분 정도 구워 낸다.

01

02

03

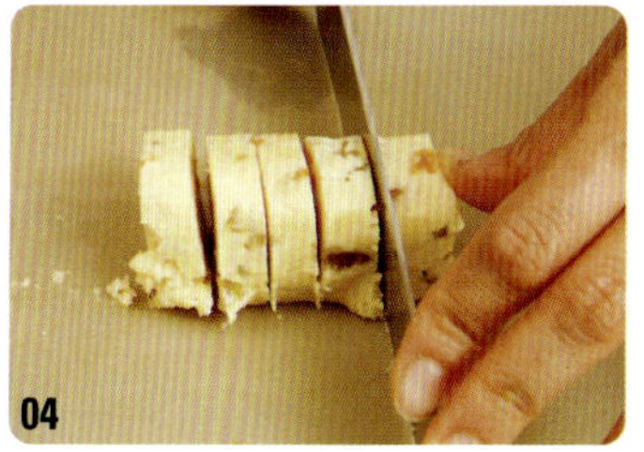

04

키위는 비타민 C와 칼륨이 아주 많이 들어 있는 과일이에요.
키위 1개면 비타민 C 하루 권장량으로 충분하답니다.

쿠키 아줌마의 족집게 노하우 !

1. 키위에 들어 있는 비타민 C의 양은 사과의 20배, 귤의 5배나 됩니다. 한마디로 비타민 C의 결정체라고 할 수 있습니다. 비타민 C는 기미와 주근깨를 예방하고, 혈관의 노화 방지 및 스트레스 해소에 큰 효과가 있습니다. 또한 키위에 많이 들어 있는 칼륨은 혈압을 낮춰 주고 섬유질은 변비 예방과 콜레스테롤 수치를 낮추는 데 큰 효능이 있습니다.

2. 살구나 키위 대신 다른 마른 과일을 써도 좋습니다.

미드나이트 쿠키

달걀흰자 1개   설탕 2큰술(30g)   아몬드가루 $\frac{1}{2}$컵(50g)   초콜릿칩 $\frac{1}{3}$컵(50g)

체리 다진 것 $\frac{1}{3}$컵(50g)   슬라이스 코코넛 1컵(60g)

만들기

01. 달걀흰자로 머랭을 만들고 설탕을 넣어 단단하게 만든다.

02. 체 친 아몬드가루를 머랭에 가볍게 섞고, 초콜릿칩과 체리, 코코넛을 넣는다.

03. 팬에 반죽을 9등분하여 숟가락으로 떠 놓는다.

04. 220℃로 예열한 오븐에 팬을 넣고 문을 닫은 후 오븐을 끈다.
    그 상태로 밤새 6시간 이상(오븐이 완전히 식을 때까지) 두면 쿠키가 완성된다.

이 쿠키는 밤새 그대로 두면 저절로 구워진다고 해서 '미드나이트 쿠키'라고 불린답니다.

쿠키 아줌마의 족집게 노하우!

이 쿠키를 처음 만들다 보면 오븐의 불을 끄고 진짜 쿠키가 만들어질까 걱정이 되실 겁니다. 저도 그랬거든요. 낮에 만들어 놓고 외출했다 돌아와서 오븐 문을 열어 보니 짠~ 하고 쿠키가 구워져 있지 않겠어요? 정말 신기하고 기분 좋았습니다.

피칸바

- **시트 재료**　버터 ½컵(113g)　박력분 1컵(120g)　설탕 2큰술(25g)　소금 약간
  달걀 ½개　레몬 껍질 1개분
- **토핑 재료**　버터 6큰술(65g)　꿀 2큰술　황설탕 ¼컵(50g)　생크림 5큰술(75g)
  호두 2컵(200g)

시트 만들기

01. 버터를 사방 1㎝ 크기로 썰어 냉장고에 넣어 둔다.

02. 박력분, 설탕, 소금을 체에 친다.

03. 체 친 가루와 버터를 커터기에 넣어 2, 3초씩 몇 번 돌려 반죽이 보슬보슬한 빵
    가루 상태가 되게 한다(커터기가 없으면 스크레이퍼로 버터를 밀가루 안에서 잘게
    부수어 같은 모양으로 만든다).

04. 3에 달걀과 레몬 껍질을 넣어 커터기를 다시 살짝 돌려 준다.

05. 반죽을 기름칠한 2호 사각 혹은 원형 케이크 틀에 넣어 손바닥으로 꾹꾹 눌러
    시트를 만든다.

06. 시트를 포크로 가볍게 찔러 냉장고에서 10분 정도 숙성시킨 뒤 190℃로 예열
    한 오븐에 넣어 15분간 굽는다.

토핑 만들기

07. 소스 팬에 버터를 녹이고 꿀과 황설탕을 넣어 2분 정도 끓인다.

08. 불을 끄고 생크림과 다진 호두를 넣어 잘 섞어서 구워 낸 시트 위에 부어 평평
    하게 편다.

09. 다시 25분간 더 굽는다.

03

05

06

08

포크로 찌를 때는 될 수 있는 한 일정한 간격이 되도록 골고루 찔러 주세요.

쿠키 아줌마의 족집게 노하우!

1. 피칸파이의 약식 레시피라고 말할 수 있습니다. 파이 반죽을 하기 귀찮을 때 만들면 간단하게 피칸파이의 맛을 즐길 수 있습니다.

2. 시트를 포크로 찌를 때 너무 깊이 찌르면 토핑이 밑으로 흘러 들어가 붙어서 나중에 팬에서 잘 안 꺼내집니다.

땅콩이 씹히는 고소하고 부드러운 케이크
피넛버터 브라우니

- **시트 재료**　버터 ⅔컵(150g)　피넛버터(크리미 또는 크런치) ¾컵(165g)
  설탕 ¼컵(50g)　황설탕 ½컵(100g)　달걀 2개　바닐라오일 1작은술　우유 ⅓컵(80g)
  박력분 1¾컵(210g)　베이킹파우더 1작은술
- **토핑 재료**　버터 ¼컵(55g)　코코아가루 ¼컵(20g)　물엿 1큰술　우유 2큰술
  바닐라에센스 1작은술　분당 1~1½컵(120~180g)

시트 만들기

01. 상온에 두었던 버터, 피넛버터를 거품기로 저어 부드럽게 한 다음 설탕과 황설탕을 조금씩 넣어 가며 크림 상태로 만든다.
02. 여기에 달걀을 1개씩 차례로 넣고 바닐라오일을 넣어 가며 잘 섞는다.

03. 2에 우유를 조금씩 넣어 가며 부드럽게 섞은 후, 체 친 박력분과 베이킹파우더를 조금씩 넣으며 살살 섞는다.
04. 기름칠한 파이렉스 13×9인치 팬 혹은 알루미늄 도시락 3개에 반죽을 부어 평평하게 만든 후 170℃로 예열한 오븐에 넣고 40~45분 정도 구워 팬에서 완전히 식힌다.

토핑 만들기

05. 분당을 제외한 모든 재료를 섞어 부드럽게 저은 뒤 분당을 조금씩 넣으며 고루 섞는다.
06. 완전히 식은 시트 위에 토핑을 잘 덮는다.

초코브라우니가 찐득한 느낌의 맛이라면 피넛버터브라우니는
폭신한 케이크처럼 부드러운 맛이랍니다.

쿠키 아줌마의 족집게 노하우!

1. 토핑을 만들 때 분당의 양에 따라 맛이 달라집니다. 초코크림을 바르는 정도로 하고 싶으면 120g만 넣으면 되고, 크림을 좋아하면 180g 다 넣으면 됩니다.

2. 토핑을 너무 일찍 준비하면 시트가 식는 동안 토핑의 표면이 마를 수 있으므로 거의 다 식었을 때 만들어서 바르는 것이 좋아요.

초코 브라우니

박력분 1¼컵(150g)　코코아가루 ⅔컵(50g)　베이킹파우더 1작은술(5g)　달걀 4개

흑설탕 1컵(200g)　소금 ½작은술　식용유 ¾컵(175g)

건포도(미리 럼주에 담가 놓은 것) 1¼컵(200g)

호두(미리 180℃에서 5분 정도 구워 놓은 것) 50g　슬라이스 아몬드 ⅓컵(30g)

만들기

01. 박력분, 코코아가루, 베이킹파우더를 체에 쳐 섞는다.

02. 볼에 달걀을 푼 다음 흑설탕을 넣고 중탕하면서 거품기로 흑설탕이 녹을 정도로 섞는다(거품을 올리면 빵같이 되므로 거품을 내지 않는다).

03. 2에 소금과 식용유를 넣고 거품기로 계속 잘 섞는다.

04. 체 친 가루의 일부를 건포도에 넣어 살짝 섞는다(이렇게 하면 건포도가 밑으로 가라앉지 않는다).

05. 가루 재료를 3에 넣어 섞고 4의 건포도와 호두를 넣고 다시 섞는다.

06. 실리콘 페이퍼를 깐 3호 케이크 틀(20×20㎝)에 반죽을 넣고 아몬드를 덮듯이 뿌려 170℃로 예열한 오븐에 넣어 40분 정도 구워 낸다.

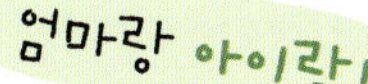

초콜릿 맛을 좋아하면 코코아가루 대신 다크 초콜릿을 녹여서 넣어 보세요. 훨씬 진한 초콜릿 맛이 난답니다.

쿠키 아줌마의 족집게 노하우!

1. 흑설탕을 넣는 것은 착색 효과를 내기 위해서입니다.

2. 건포도는 옅은 소금물에 씻어 물기를 뺀 뒤 럼주에 담가 둡니다. 건포도는 럼주에 담가 놓은 뒤 며칠 지난 것이 더욱 맛이 풍부합니다.

팬쿠키

버터 ½컵(113g)   설탕 2큰술(25g)   황설탕 ⅓컵(75g)   달걀 1개   바닐라오일 ½작은술
박력분 1⅛컵(135g)   베이킹소다 ½작은술   소금 ½작은술   초콜릿칩 ½컵(80g)
호두 ¼컵(25g)

만들기

01. 상온에 둔 버터를 거품기를 이용해 부드럽게 풀고 설탕과 황설탕을 조금씩 넣어 가며 크림 상태로 만든다.

02. 여기에 달걀과 바닐라오일을 넣고 잘 저은 다음 체 친 박력분, 베이킹소다, 소금을 넣어 가볍게 섞는다.

03. 초콜릿칩과 다진 호두를 넣어 다시 가볍게 섞고 기름칠한 파이 팬(지름 24㎝)에 평평하게 펼친다.

04. 180℃로 예열한 오븐에 넣고 15~20분 정도 구워 낸다.

01

02

03

보기만 해도 배부른 쿠키예요. 친구들과 함께 여럿이 나눠 먹으면 더욱 맛있답니다.

쿠키 아줌마의 족집게 노하우 !

1. 이 쿠키는 초코칩쿠키의 확대판입니다.

2. 크기가 커서 간단한 생일 케이크로도 쓸 수 있습니다.

초코볼쿠키

박력분 1컵(120g)   베이킹파우더 ¼작은술   베이킹소다 ½작은술   소금 약간
버터 ½컵(113g)   설탕 2큰술(25g)   황설탕 ¼컵(50g)   달걀 큰 것 1개
바닐라오일 ½작은술   오트밀 1컵(100g)   M&M 땅콩초콜릿 ½컵(100g)
초콜릿칩 ¼컵(40g)   호두 ¼컵(25g)   슬라이스 코코넛 ¼컵(20g)

만들기

01. 박력분, 베이킹파우더, 베이킹소다, 소금을 체에 쳐 섞는다.
02. 상온에 놓아둔 버터를 거품기를 이용해 부드럽게 만든다.
03. 여기에 설탕과 황설탕을 조금씩 넣으면서 잘 저은 뒤 달걀과 바닐라오일을 섞어 준다.
04. 3에 체 친 가루와 나머지 재료를 모두 한데 넣어 반죽을 만든다.
05. 반죽을 한 숟가락씩 떠서 팬에 올려놓고 위를 약간만 눌러 준다.
06. 190℃로 예열한 오븐에 넣고 15분간 구워 낸다.

02

03

04

05

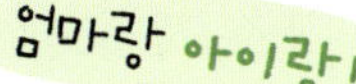

땅콩초코볼을 미리 반죽에 넣지 말고 팬에 반죽을 떠 놓은 후 여러 가지 색깔을 고루 섞어 가며 꾸며 보세요. 알록달록 무늬를 만드는 것이 재미있답니다.

쿠키 아줌마의 족집게 노하우!

1. 반죽을 떠 놓은 다음에 위를 눌러 주는 것은 들어간 부재료가 많으면 옆으로 덜 퍼지기 때문입니다.

2. 이 쿠키는 일명 '백팩(backpack) 쿠키'라고도 하는데, 미국에서 아이들이 학교에 가지고 가는 간식을 가방에 넣고 다닌다 해서 생긴 이름입니다. 열량이 풍부해 한두 개만 먹어도 뱃속이 든든하답니다.

쿠키를 활용한 생일상 차리기

엄마가 만든 쿠키로 아이들 생일상을 차리자

미국에서 온 지 두 달 만에 큰아이 생일이 돌아왔습니다.

5학년 때였는데 큰아이가 말이 별로 없는 내성적인 성격이라 반 아이들과 약간은 서먹한 상태였죠.

사실 미국 가기 전에는 제가 교편을 잡고 있었던 탓에 아이들 생일에 친구들을 집으로 초대하는 것은 꿈도 못 꾸었었습니다. 그때 미안한 것도 있고 이번엔 시간도 있으니 친구들을 초대해 멋진 생일상을 한번 차려 주자고 마음먹었습니다.

큰아이에게 생일에 초대하고 싶은 아이들을 모두 초대하라고 했습니다. 그랬더니 정말 반 아이를 다 초대한 건지 아니면 아이들이 이럭저럭 알고 온 건지 하여간 40명 중 절반이 훨씬 넘게 왔습니다.

물론 음식은 제가 다 만들어 주었지요. 아이들 좋아하는 치킨, 떡볶이를 비롯해서 케이크, 쿠키까지요. 그때 만든 홈런볼이 몇 개였는지 생각도 안 나네요. 하도 많이 구워서요.

아이들은 아주 즐겁게 놀았고 일부는 저녁까지 놀다 갔습니다.

그 뒤로 큰아이는 반 아이들과 급속도로 친해져서 그 우정이 아주 오래 갔습니다. 덕분에 우리 아이도 활기차졌고요.

요즘 아이들은 생일 파티를 밖에서 많이 한다죠?

하지만 한번쯤 엄마가 정성스레 만든 쿠키와 케이크로 생일상을 차려 준다면 아이들도 친구들도 아마 무척 좋아할 거예요.

홈베이킹은 아이들의 창의력 교육에 좋아요

어린 아이들은 부엌을 좋아합니다. 그곳에는 다정한 엄마가 있고 갖가지 먹을거리와 프라이팬, 냄비 등의 신기한 조리기구, 예쁜 그릇들이 있기 때문이죠.

홈베이킹은 부엌에서 아이들과 함께 할 수 있는 아주 좋은 놀이입니다. 아이들이 좋아하는 재료들을 사용하여 위험하지 않게 오감을 자극시켜 주고, 집중력과 창의력을 키워 줄 수 있기 때문입니다.

그럼, 홈베이킹이 아이들에게 어떤 효과를 주는지 알아볼까요?

1. 오감을 자극하여 감각을 키운다

갖가지 쿠키 재료들을 보고, 만지고, 냄새 맡고, 맛을 보는 과정을 통해 아이들의 오감이 자극되어 감각이 좋아진다.

2. 상상력을 자극한다

아이의 눈에 쿠키를 만드는 일은 신기하고 흥미진진한 일이다. 밀가루에 물을 넣어 반죽을 하고, 밀가루 반죽으로 좋아하는 캐릭터도 만들고, 자동차나 비행기, 하늘에 떠 있는 달이나 별 등을 모양으로 만들다 보면 아이의 상상력이 자연스럽게 자극된다.

3. 집중력과 관찰력이 좋아진다

밀가루를 반죽해서 모양을 만들고, 갖가지 재료를 정확히 양을 재고, 순서대로 섞는 일을 통해 쿠키를 만드는 내내 신중하게 일을 처리하려고 노력하게 되므로 집중력과 관찰력이 좋아진다.

4. 성취감이 생긴다

처음에는 각각 모양과 색깔이 달랐던 재료들이 여러 과정을 통해 어우러져 멋진 쿠키로 탄생하는 것을 보며 신기해하고, 또한 자신이 이 일을 해냈다는 것에 대해 강한 성취감을 느끼게 된다.

5. 감각기관이 서로 연결되어 성장하는 데 도움을 준다

쿠키를 만들다 보면 밀가루로 반죽을 하거나 반죽으로 모양을 만들면서 머리로 생각하고, 눈으로 보고, 손으로 직접 행동하는 일들이 동시에 일어나므로 각각의 감각기관들이 서로 연관되어 성장하는 데 도움을 준다.

아이들은 쿠키 만드는 일을 아주 좋아한다.

내가 강의를 나가는 베이킹 교실에도 엄마를 따라오는 아이가 몇 명 있다. 대개 처음에는 눈치를 보며 쭈뼛거리고 서 있지만 일단 실습에 참여하게 해 주면 금방 신이 난다.

아이들은 특히 반죽을 조몰락거리는 것을 좋아한다. 말랑말랑한 반죽을 만지는 아이들을 보면 아주 기분 좋은 표정이다. 쿠키를 만드는 반죽은 대개 버터와 설탕, 바닐라 오일이 들어가 달콤한 향기가 난다. 게다가 주변에 아이들이 좋아하는 초콜릿 같은 재료들이 널려 있으니 기분이 좋지 않을 까닭이 없다.

아이들은 재미있는 모양의 쿠키를 만드는 것도 좋아한다. 반죽을 밀대로 밀고 갖가지 모양을 가진 쿠키 커터로 찍어 내는 일은 내가 봐도 즐겁다. 어른들은 레시피를 따라 하느라 정신없지만 아이들은 가르쳐 주지 않아도 알아서 척척 잘한다. 게다가 가끔씩 어른들도 깜짝 놀랄 만한 모양을 만들어 내기도 한다. 만들기에 집중하고 있는 아이들을 바라보면 베이킹이야말로 가장 좋은 창의력 교육이라는 생각이 들곤 한다.

05

아이와 함께 만들면
더욱 재미있어요

초코머핀

중력분 또는 박력분 1컵(120g)   설탕 ½컵(100g)   베이킹소다 ½작은술   소금 ¼작은술
버터 ½컵(113g)   우유 ¾컵(180g)   코코아가루 ⅓컵(25g)   달걀 1개
바닐라오일 1작은술

만들기

01. 밀가루, 설탕, 베이킹소다, 소금을 체에 쳐서 섞는다.
02. 중탕으로 버터를 녹이고 거기에 우유, 코코아가루를 넣어 거품기로 코코아가 잘 녹도록 젓는다.
03. 불에서 내려 조금 식힌 후 체 친 가루를 넣고 잘 섞일 때까지 거품기로 천천히 저으면서 달걀과 바닐라오일을 넣는다.
04. 반죽을 머핀 컵에 넣고 180℃로 예열한 오븐에 넣어 25분 정도 굽는다.
05. 다 구워지면 팬에서 빼 차가운 곳에 두어 식힌다.

초콜릿을 좋아하면 머핀 위에 초콜릿칩을 올려서 구워 보세요. 훨씬 진한 초콜릿 맛을 볼 수 있답니다.

쿠키 아줌마의 족집게 노하우!

1. 이 레시피대로 하면 반죽이 많이 질어요. 하지만 걱정 마세요. 저도 맨 처음 이 머핀을 구울 때 너무 질어서 이것이 빵이 될까 걱정했었는데, 구우니까 짜~안 하고 부풀면서 훌륭한 빵이 되었답니다.

2. 아이들과 만들 때는 반죽 위에 '레인보(rainbow)' 같은 것으로 장식해 보면 재미있습니다. 레인보란 설탕으로 만든 무지개 색의 구슬 모양, 작은 막대기 모양의 장식물입니다.

황치즈쿠키

버터 ⅞컵(200g)　크림치즈 ¾컵(160g)　설탕 ¾컵(150g)　박력분 2½컵(300g)

황치즈가루 4큰술(24g)　소금 ½작은술

만들기

01. 상온에 둔 버터와 크림치즈를 거품기를 이용해 부드럽게 섞고 설탕을 조금씩 넣어 가며 잘 젓는다.

02. 여기에 체 친 박력분, 황치즈가루, 소금을 섞어 반죽한 다음 비닐봉지에 넣어 냉장고에서 30분 정도 숙성한다.

03. 숙성된 반죽을 밀대로 밀고 여러 모양의 쿠키 커터로 찍어 모양을 만든다.

04. 170~180℃로 예열한 오븐에 넣고 10~12분간 굽는다.

05. 밀대로 밀지 않고 적당량 떼어 내어 7~8㎜ 두께로 길고 둥글게 굴린 후, 6~7㎝ 길이로 잘라 구워도 만들기 쉽고 바삭거림이 또 다른 맛이 난다.

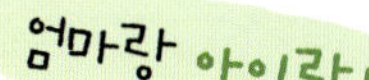

쿠키 커터에는 여러 가지 모양이 있어요. 별·하트·동물 모양 등 마음에 드는 커터를 구해서 개성 있는 자기만의 예쁜 쿠키를 만들어 보세요.

쿠키 아줌마의 족집게 노하우!

황치즈쿠키는 모양을 어떻게 만드느냐에 따라 맛이 달라집니다. 반죽을 밀어서 쿠키커터로 잘라 만들면 딱딱한 느낌이 나지만 깔끔한 맛이 나고, 손으로 적당히 굴리듯이 만들면 다소 거친 느낌이지만 오히려 쉽게 부서지는 듯 바삭거리는 느낌이 납니다.

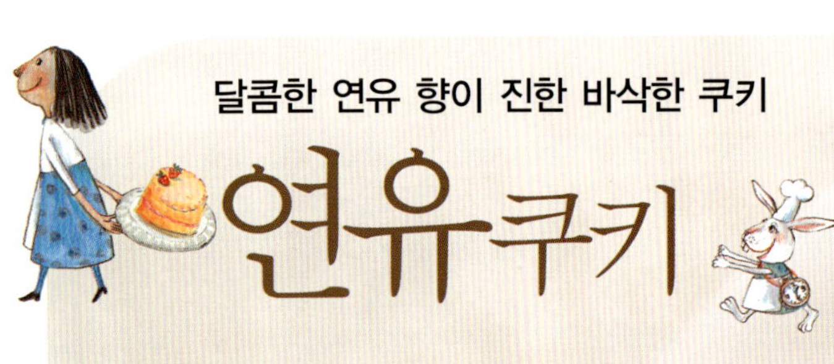

달콤한 연유 향이 진한 바삭한 쿠키
연유 쿠키

버터 $\frac{1}{3}$컵(80g)　연유 $\frac{1}{4}$컵(80g)　소금 약간　박력분 1컵(130g)
베이킹파우더 1작은술　탈지분유(물 1작은술에 개어 놓은 것) 1작은술

만들기

01. 상온에 둔 버터를 거품기로 부드럽게 만든 뒤 연유와 소금을 넣고 잘 저어 크림 상태로 만든다.
02. 여기에 체 친 박력분과 베이킹파우더를 넣고 잘 섞는다.

03. 2에 물에 갠 탈지분유를 넣고 반죽이 한 덩어리가 되도록 만든 후 냉장고에서 1시간 숙성시킨다.
04. 숙성시킨 반죽을 5㎜ 두께로 밀어서 쿠키 커터로 찍어 모양을 낸다.
05. 170℃로 예열한 오븐에 넣어 10~12분 정도 구워 낸다(연한 갈색이 될 때까지 굽는다).

연유는 우유를 진공 상태에서 농축시킨 유가공식품입니다.

쿠키 아줌마의 족집게 노하우!

1. 탈지분유 대신 그냥 분유를 넣어도 됩니다. 만일 분유마저 없다면 우유 1작은술을 넣고 하셔도 됩니다.

2. 아이들에게 쿠키 커터로 다양한 모양을 찍어 내게 하면 정말 기발하고 재미있는 모양의 쿠키가 만들어집니다.

마요네즈잼쿠키

- **쿠키 재료** 마요네즈 ½컵(100g) 설탕 ½컵(100g) 달걀 2개 바닐라오일 ¼작은술
  박력분 2컵(240g) 베이킹파우더 2작은술
- **토핑 재료** 살구잼, 딸기잼 등

만들기

01. 마요네즈와 설탕을 거품기로 섞는다(너무 오래 섞으면 질어질 수 있으므로 설탕이
    안 보일 만큼만 살짝 섞는다).
02. 1에 달걀을 1개씩 넣으며 섞는다. 이때 바닐라오일을 넣는다(바닐라오일이 달
    걀 비린내와 마요네즈 향을 없애 준다).
03. 여기에 체 친 박력분과 베이킹파우더를 넣어 가볍게 반죽하여 냉장고에서 30
    분 정도 숙성시킨다.
04. 숙성된 반죽을 메추리알 크기로 동그랗게 빚어 팬 위에 적당한 간격으로 놓고
    가운데를 손가락으로 살짝 눌러 홈을 만들어 준다.
05. 홈에 잼을 적당량 넣고 170~180℃로 예열한 오븐에 넣어 15분간 굽는다.
06. 쿠키가 완성되면 식힘망에 옮겨 완전히 식힌다.

01

02

04

05

잼을 없을 때 여러 가지 잼을 사용해 보세요. 딸기, 포도, 살구 등
잼 종류에 따라 다양한 맛의 쿠키를 만들 수 있답니다.

쿠키 아줌마의 족집게 노하우!

1. 장식에 쓰는 잼은 어떤 것이라도 상관없지만 땅콩버터는 넣지 마세요. 땅콩버터는 녹아서
   흘러 색도 안 나고 지저분해집니다.

2. 여러 가지 잼 중에 특히 살구잼이 이 쿠키에 잘 어울립니다.

3. 쿠키를 구울 때는 오븐 팬을 하나 더 겹쳐서 쿠키 밑 부분이 타는 것을 방지하면 좋습니다.

4. 마요네즈 때문에 열량이 걱정되면 하프 마요네즈를 사용해도 됩니다.

코코넛마카룬

중력분 또는 박력분 ½컵(60g)   소금 ½작은술   슬라이스 코코넛 4컵(260g)
연유 ¾컵(240g)   바닐라오일 1작은술

만들기

01. 밀가루, 소금을 체에 치고 여기에 코코넛을 넣어 살짝 섞는다.
02. 1에 연유를 붓고 바닐라오일을 넣은 후 잘 섞는다.
03. 기름칠한 팬에 반죽을 한 숟가락씩 떠 놓는다.
04. 180℃로 예열한 오븐에 넣어 10~12분 정도 구워 낸다.

코코넛은 야자나무 열매로 하얀색의 과육이 여러 요리 재료로 쓰입니다. 단단한 껍질에 싸여 있는 과육 안쪽에는 즙이 들어 있어 자연음료로 인기가 좋답니다.

쿠키 아줌마의 족집게 노하우!

1. 반죽을 숟가락으로 떠 놓을 때 위를 너무 납작하게 하지 마세요. 코코넛이 삐죽삐죽 튀어나온 것이 더 먹음직스러워 보인답니다.

2. 구울 때 주의해서 보아야 합니다. 코코넛이 튀어나온 것 때문에 일부가 쉽게 탈 수 있으니 두 단을 구울 때는 쿠키 윗면 색깔이 약간 갈색이 나면 위 아래 단을 바꾸어서 조금만 더 구워 주는 것이 좋습니다.

살구코코넛쿠키

마른 살구 ½컵(130g) 오렌지주스 ½컵(120g) 슬라이스 코코넛 1컵(90g)
버터 3큰술(40g) 분당 ⅓컵(40g) 체리 다진 것 약간 콘플레이크 적당량

만들기

01. 마른 살구를 잘게 잘라 오렌지주스에 담가 1시간가량 둔다.
02. 코코넛을 연한 갈색이 돌도록 180℃에서 살짝 구워 준다.
03. 거품기로 버터를 저어 크림 상태로 만든 뒤 분당을 넣고 잘 젓는다.
04. 크림 상태의 버터에 오렌지주스에 담근 살구와 구운 코코넛, 체리를 섞어 손으로 동그랗게 만든다.
05. 동그란 반죽을 콘플레이크에 굴려 냉장고에서 1시간 이상 두어 굳힌다.

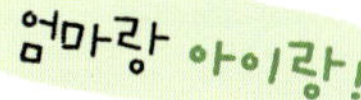

반죽을 손으로 뭉쳐 모양을 만들면 돼요. 굽지 않아도 되니까
위험할 일도 없답니다.

쿠키 아줌마의 족집게 노하우!

1. 이 쿠키는 냉장고에 보관하여 차가울 때 먹는 것이 맛있습니다.
2. 살구를 오렌지주스에 너무 오래 담가 두면 퉁퉁 불어 맛이 덜합니다.

오트밀과 달콤한 건포도의 맛

오트밀건포도쿠키

- **쿠키 재료**　　박력분 ¾컵(90g)　　소금 ¾작은술　　베이킹소다 ½작은술
  계핏가루 ½작은술　　버터 ¾컵(168g)　　설탕 2큰술(25g)　　황설탕 ½컵(100g)
  달걀 1개　　물 1큰술　　바닐라오일 2작은술　　오트밀 3컵(300g)　　건포도 1컵(130g)
- **글레이즈 재료**　　분당 ½컵(60g)　　우유 1큰술　　바닐라오일 1작은술

쿠키 만들기

01. 박력분, 소금, 베이킹소다, 계핏가루를 체에 친다.
02. 상온에 두었던 버터에 설탕과 황설탕을 넣고 거품기로 약간 거친 느낌이 있을 때까지 젓는다.
03. 2에 달걀, 물, 바닐라오일을 넣고 잘 젓는다.
04. 여기에 체 친 가루 재료를 넣고 천천히 가루가 안 보일 때까지 섞는다.
05. 오트밀을 넣고 나무 주걱으로 섞은 뒤 건포도를 넣고 다시 섞는다.
06. 기름칠한 팬에 한 숟가락씩 떠 놓고 190℃로 예열한 오븐에 넣어 10~11분 정도 가장자리가 황금색이 날 때까지 굽는다.
07. 다 구워진 쿠키를 오븐에서 꺼낸 뒤 2분 정도 팬 위에 그냥 두었다가 차가운 곳으로 옮긴다.

글레이즈 만들기

08. 작은 볼에 분당, 우유, 바닐라오일을 넣고 숟가락이나 고무 주걱으로 부드러워질 때까지 젓는다.
09. 그것을 완전히 식은 쿠키 위에 스푼이나 포크를 사용하여 지그재그 모양으로 살살 뿌려 굳힌다.

글레이즈를 살살 뿌리는 일은 해 보면 정말 재미있어요. 하지만 재미있다고 너무 장난을 치면 주변이 지저분하게 되니 조심하세요.

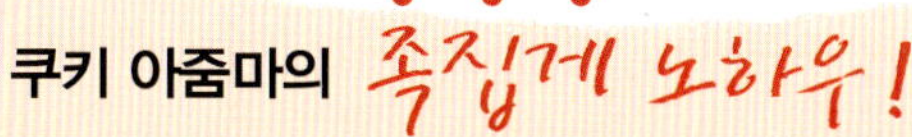

1. 다 구워진 쿠키를 팬 위에서 2분 정도 그대로 두는 것은 수분을 좀 더 빨리 말려 바삭하게 하기 위해서입니다.
2. 식지 않은 쿠키에 글레이징을 하면 글레이즈가 녹아 없어집니다. 조심하세요.

레몬요구르트컵케이크

- **케이크 재료**　버터 $\frac{1}{2}$컵(113g)　설탕 $\frac{1}{4}$컵(50g)　달걀 2개
  플레인요구르트 $\frac{1}{2}$컵(120g)　레몬 껍질 1작은술　레몬주스 3큰술
  박력분 1$\frac{1}{4}$컵(150g)　베이킹파우더 1작은술　베이킹소다 $\frac{1}{2}$작은술　소금 $\frac{1}{4}$작은술
- **토핑 재료**　분당 $\frac{1}{2}$컵(60g)　레몬주스 1큰술　플레인요구르트 1~2큰술

만들기

01. 상온에 두었던 버터를 거품기로 부드럽게 풀고 설탕을 넣어 색이 연해질 때까지 젓는다.
02. 1에 달걀노른자를 1개씩 넣으며 섞일 때까지 계속 젓는다.
03. 2에 플레인요구르트를 넣으며 젓다가 레몬 껍질과 레몬주스를 조금씩 넣으며 계속 저어 준다.
04. 박력분, 베이킹파우더, 베이킹소다, 소금을 체에 쳐 둔다.
05. 다른 볼에 달걀흰자를 풀어 거품기로 충분히 거품을 낸다.
06. 체 친 가루 재료를 3에 넣어 대충 섞은 후, 거품 낸 흰자를 살짝 섞는다.
07. 완성된 반죽을 컵케이크 틀에 부어 탁탁 친 후, 180℃로 예열한 오븐에 넣어 40~45분 정도 굽는다.
08. 토핑 재료를 한데 섞어 잘 저은 후 식힌 케이크에 끼얹어 완성한다.

02

06

08

레몬은 독특한 향과 맛 때문에 여러 가지 요리의 향신료로 많이 쓰여요. 또 레몬과 설탕, 물로 만든 레모네이드는 비타민 C가 많이 들어 있어 여름철 음료도 인기가 좋답니다.

쿠키 아줌마의 쪽집게 노하우!

1. 버터를 크림 상태로 만들거나 달걀노른자를 넣을 때까지는 분리가 잘 일어나지 않습니다. 그러다가 플레인요구르트를 넣으면 순두부처럼 뭉글뭉글하게 약간 분리가 일어날 수 있습니다. 특히 레몬주스를 넣으면 더욱 그렇게 되지요. 하지만 밀가루를 넣고 섞으면 괜찮으니까 너무 걱정하지 않아도 됩니다. 그래도 될 수 있으면 플레인요구르트와 레몬주스는 조금씩 넣으며 충분히 저어 주는 것이 좋습니다.

2. 단것이 싫으면 토핑을 하지 않고 드셔도 됩니다.

코코넛오트밀쿠키

박력분 1컵(120g)   소금 약간   베이킹소다 $\frac{1}{4}$작은술   크림오브타르타르 $\frac{1}{2}$작은술
버터 $\frac{1}{2}$컵(113g)   설탕 2큰술(25g)   황설탕 2큰술(25g)   달걀 $\frac{1}{2}$개   오트밀 $\frac{1}{2}$컵(50g)
슬라이스 코코넛 $\frac{1}{2}$컵(35g)   초콜릿칩 $\frac{1}{2}$컵(80g)   호두 2큰술(25g)

만들기

01. 박력분, 소금, 베이킹소다, 크림오브타르타르를 체에 친다.
02. 상온에 두었던 버터를 거품기로 대충 풀고 거기에 설탕과 황설탕을 넣고 잘 섞어 크림 상태가 될 때까지 젓는다.
03. 2에 달걀을 넣고 다시 섞일 때까지 저어 준다.
04. 체 친 가루 재료에 오트밀, 코코넛, 초콜릿칩, 다진 호두를 넣어 잘 섞은 후, 3에 넣어 살살 섞는다.
05. 기름칠한 팬에 완성된 반죽을 한 숟가락씩 떠 놓고 180℃로 예열한 오븐에 넣어 10~13분 정도 연한 갈색이 날 때까지 굽는다.

02

03

04

05

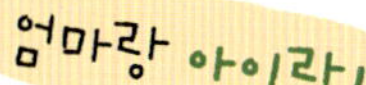

크림오브타르타르는 포도즙을 발효시켜 만든 주석산의 한 종류로 달걀흰자의 거품을 안정되게 만들고, 거품의 색상을 더욱 희게 만드는 역할을 한답니다.

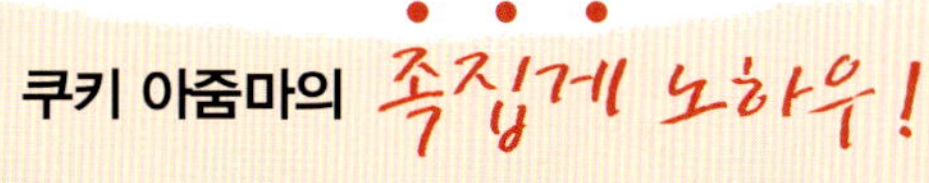

초콜릿칩 때문에 다소 달게 느껴지면 초콜릿칩은 안 넣어도 괜찮습니다.

시리얼볼

버터 3큰술 마시멜로 250g 땅콩버터 3큰술 다진 너트류 1컵(100g)
마른 과일 $\frac{1}{4}$컵(50g) 시리얼 2$\frac{1}{2}$컵(300g)

만들기

01. 약한 불에 버터를 녹이고 마시멜로를 녹인 다음 땅콩버터까지 녹인다.
02. 다진 너트류와 마른 과일, 시리얼을 잘 섞는다.
03. 1의 불을 끄고 재빠르게 2와 버무려서 버터 칠한 넓은 팬에 납작하게 눌러 준다. 식기 전에 해야 한다. 뜨거울지 모르니까 손 데지 않게 조심.
04. 다 굳으면 쿠키 커터를 이용해 모양을 내고 막대기를 꽂아 준다.

쿠키 칼로 반듯하게 잘라도 되지만 예쁜 모양의 쿠키 커터로 잘라 주면 더욱 맛있게 보이겠죠.

쿠키 아줌마의 족집게 노하우!

1. 미국식 강정이라고 생각하면 됩니다. 다진 너트류는 해바라기 씨, 호두, 슬라이스 아몬드, 호박 씨 등 원하는 대로 사용할 수 있습니다.

2. 시리얼은 어느 것을 사용해도 되지만, 달지 않은 콘플레이크나 초코시리얼이 좋습니다.

3. 쿠키 커터가 없을 때는 칼로 잘라도 됩니다.

사랑과 정성이 가득한 쿠키를 선물하세요
—선물 포장 활용 팁

팬시울 종이로 과자 봉투 만들기

1. 종이를 선대로 접어서 겹치는 부분을 풀이나 양면테이프로 붙인다.
2. 아래쪽을 4~5㎝가량 접어 올린다.
3. 모서리를 마름모꼴로 접고 양쪽을 그림처럼 접어 붙인다.
4. 삼각형 부분을 접었다 펴서 그 선대로 안쪽으로 접어 밑면을 펼쳐 준다.
5. 과자를 넣고 윗부분을 접어 핀으로 고정시킨 후 장식물을 단다. 거기에 글씨를 쓰거나 레터링을 한다.

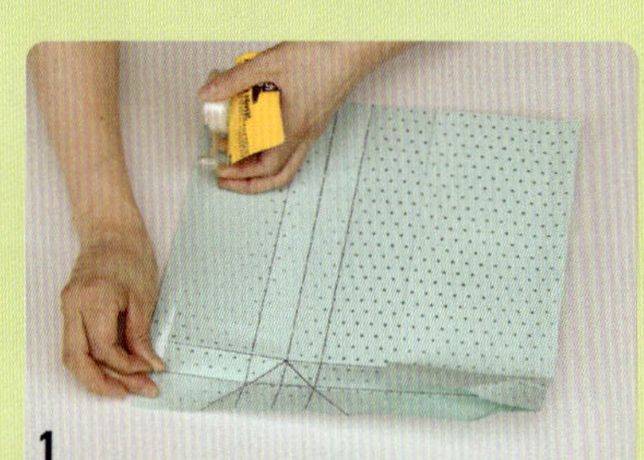

재생지 봉투로 과자 포장하기

과자를 봉투에 넣고 끈으로 묶은 후 나뭇잎이나 작은 나뭇가지 같은 것으로 장식한다.

한지로 과자 포장하기

1. 한지를 손으로 적당히 찢어 과자를 싸서 리본으로 묶는다.
2. 작은 카드를 종이를 찢어 만들어 붙인다.

머핀 박스 만들기

1. 머핀 몇 개 넣을 크기를 재서 그림과 같이 재단한다. (크린에코 — 빳빳한 종이)
2. 재단한 종이보다 크게 다른 색 팬시홀 종이를 재단하여 풀로 붙인다.
3. 모서리 부분을 사진과 같이 안으로 집어넣고 높이를 세워 접는다.
4. 투명포장지를 크게 잡아 위를 리본으로 묶는다.

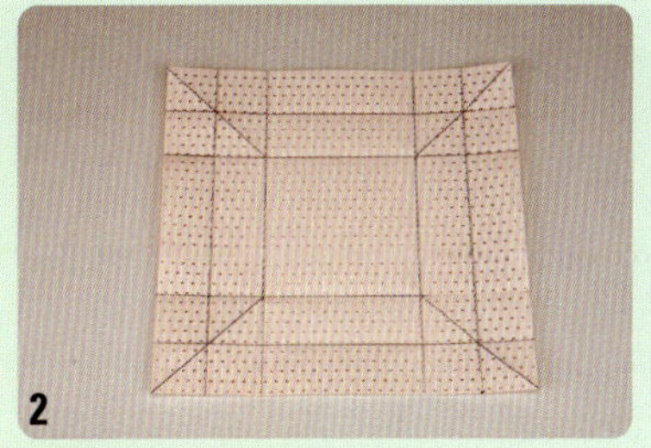

커다란 쇼핑백을 이용해 쿠키, 브라우니 포장하기

쇼핑백 안에 한지를 두 장 겹쳐 깔고 포장한 쿠키와 브라우니를 넣는다.

베이킹을 하고부터 나에겐 몇 가지 좋은 일이 생겼다.

하나는 내 생활에 활력을 주는 새로운 일이 생겼다는 것이고, 또 다른 하나는 어디를 가든 환영받는다는 사실이다.

언젠가부터 모임에 갈 때 쿠키나 케이크를 만들어 가는 것이 습관처럼 되어 버렸다. 가끔은 귀찮을 때도 있지만 은근히 기대하는 사람들의 실망스런 표정을 떠올리면 어느새 내 손에는 쿠키 상자가 들려 있곤 한다. 차 한 잔을 마셔도 쿠키를 곁들이면 훨씬 풍성해진다. 더불어 화제도 끊이질 않으니 수다까지 풍성해진다.

요즘은 평생교육원에서 강의를 하게 되어 새로운 젊은 친구들을 만나고 있다.

이 모든 것이 베이킹을 하면서부터 생겨난 일이다.

어쩌면 나른해졌을지도 모르는 내 인생의 오후에 상큼함을 찾아준 것이 바로 베이킹이다.

06

나른한 오후, 상큼한 쿠키와 함께 나만의 시간을 갖자

커피 맛이 진한 쿠키
커피쿠키

버터 ½컵(113g)   설탕 ⅓컵(75g)   소금 ¼작은술   달걀 1개   바닐라오일 ⅛작은술
액상커피 2작은술   박력분 1½컵(180g)   베이킹파우더 ½작은술

만들기

01. 상온에 두었던 버터를 거품기로 풀고 설탕을 넣어 가며 크림 상태가 될 때까지 젓다가 소금을 넣는다.
02. 1에 달걀을 넣고 젓는다(이때 바닐라오일을 한 방울 넣는다).
03. 2에 액상커피를 넣고 계속 젓는다.
04. 여기에 박력분과 베이킹파우더를 체 쳐서 넣고 반죽한다.
05. 완성된 반죽을 김밥 말듯이 말아 모양을 잡은 뒤 유산지로 싸서 냉동실에 2~3 시간 넣어 둔다.
06. 굳은 반죽을 꺼내 적당한 크기로 썬 뒤 170℃로 예열한 오븐에 넣어 8~10분 정도 굽는다.

커피에는 카페인이 많이 들어 있어요. 커피 카페인은 어린이에게는 좋지 않으니 이 쿠키는 부모님께 양보하는 것이 좋겠죠.

쿠키 아줌마의 족집게 노하우!

액상커피가 없으면 인스턴트커피 2작은술을 럼주 2작은술에 녹여 사용하시면 됩니다.

디아망코코

버터 ⅞컵(200g)   설탕 ½컵(100g)   달걀노른자 1개(25g)   코코넛가루 2½컵(200g)
박력분 1⅓컵(200g)   장식용 달걀노른자 약간

만들기

01. 상온에 두었던 버터를 거품기로 풀고 설탕을 넣어 가며 크림 상태로 만든다.

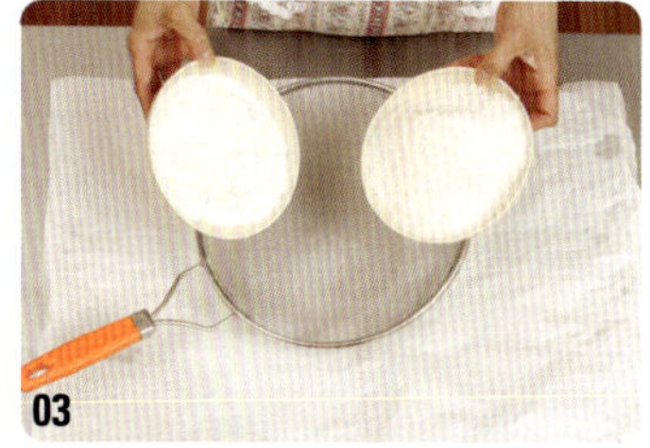

02. 여기에 달걀노른자를 조금씩 넣어 가며 잘 섞는다.
03. 코코넛가루와 박력분을 체에 친다.

04. 3을 2에 넣어 살살 섞은 다음 유산지를 이용해 둥글거나 네모난 김밥 모양으로 만들어 냉동실에서 하루 정도 숙성시킨다.

05. 냉동실에서 꺼낸 반죽의 가장자리에 설탕을 묻히고 7~8㎜ 두께로 썬 다음 가운데 부분에 달걀노른자를 찍어 광택을 낸다.
06. 200℃로 예열한 오븐에 넣어 10~12분 정도 굽는다.

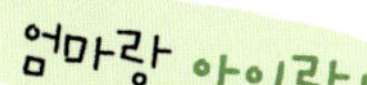

반죽을 칼로 써는 일은 위험해서 할 수 없지만 반죽에 설탕을 묻히거나 달걀노른자를 찍어서 모양을 내는 것은 엄마를 도와줄 수 있어요.

달걀노른자를 가운데 찍을 때 조금씩만 바르듯이 해야지 많이 묻히면 구운 다음 떨어져 버립니다.

티라미수쿠키

- **쿠키 재료**　　버터 $\frac{1}{4}$컵(50g)　　설탕 $\frac{1}{4}$컵(50g)　　달걀 1개　　박력분 $\frac{1}{2}$컵(60g)
- **크림 재료**　　인스턴트커피 $\frac{1}{2}$작은술　　럼주 또는 칼루아 1큰술　　크림치즈 $\frac{2}{3}$컵(150g)
  황설탕 1큰술　　코코아가루 약간

쿠키 만들기

01. 상온에 두었던 버터를 거품기로 풀고 설탕을 넣어 가며 크림 상태로 만든 다음 달걀을 넣고 잘 섞는다.
02. 여기에 체 친 박력분을 넣고 가볍게 섞는다.
03. 반죽을 짤주머니에 담아 기름칠한 팬 위에 지름이 1.5㎝ 정도 되도록 동그랗게 짜 준다.
04. 200℃로 예열한 오븐에 넣어 6~8분 정도 가장자리가 연한 갈색이 나도록 구워서 식힌다.

크림 만들기

05. 커피를 럼주에 녹여 놓는다.
06. 상온에 두었던 크림치즈를 거품기를 이용하여 부드럽게 한 뒤 황설탕과 럼주에 녹인 커피를 차례대로 넣으면서 잘 섞는다.
07. 4의 식은 쿠키 사이에 크림을 발라 샌드쿠키로 만든 다음 그 위에 코코아가루를 살살 뿌려 장식한다.

코코아가루로 치장할 때 종이를 예쁜 모양으로 오려서 이용하면 다양한 문양을 만들 수 있어요.

쿠키 아줌마의 족집게 노하우!

1. 티라는 'draw'에서 온 말로 끌어당기다라는 뜻이고, 미는 'me' 나를, 수는 'up' 위로라는 뜻입니다. 연결해서 풀어 보면 '나를 위로 끌어당긴다'라는 뜻이 됩니다. 티라미수쿠키에 들어 있는 커피와 크림치즈의 맛이 어울리면 기분이 업(up)되는 느낌을 준다고 해서 붙여진 이름이랍니다. 티라미수케이크는 만들기 복잡하지만 티라미수쿠키는 덜 복잡하고 그만큼 맛을 내는 쿠키니 한번 도전해 보세요.

2. 칼루아는 커피 맛이 나는 술입니다. 럼주로 대신 사용하셔도 됩니다.

무화과쿠키 

- **쿠키 재료**　　버터 $\frac{1}{2}$컵(100g)　설탕 2큰술(20g)　소금 $\frac{1}{4}$작은술　달걀 큰 것 1개
  박력분 2컵(200g)
- **아몬드크림 재료**　　버터 100g, 설탕 100g, 아몬드가루 100g
- **장식 재료**　　럼주 또는 와인에 절인 슬라이스 무화과 적당량

만들기

01. 상온에 두었던 버터를 거품기로 풀고 설탕, 소금을 넣어 가며 크림 상태로 만든다.

02. 여기에 달걀을 풀고 천천히 섞은 뒤 체 친 박력분을 넣고 가볍게 반죽한다.

03. 반죽을 김밥 말듯이 말아서 네모난 모양 혹은 동그란 모양으로 잡아 준다.

04. 완성된 반죽을 냉동실에 2~3시간 정도 넣어 숙성시킨다.

05. 숙성된 반죽을 꺼내 적당한 크기로 썬 다음 위에 아몬드크림(볼에 분량의 아몬드크림 재료를 한데 넣어 부드러워질 때까지 섞는다)을 듬뿍 바른다.

06. 아몬드크림 위에 잘라 놓은 무화과를 장식한다.

07. 180℃로 예열한 오븐에 넣어 15~20분 정도 구워 낸다.

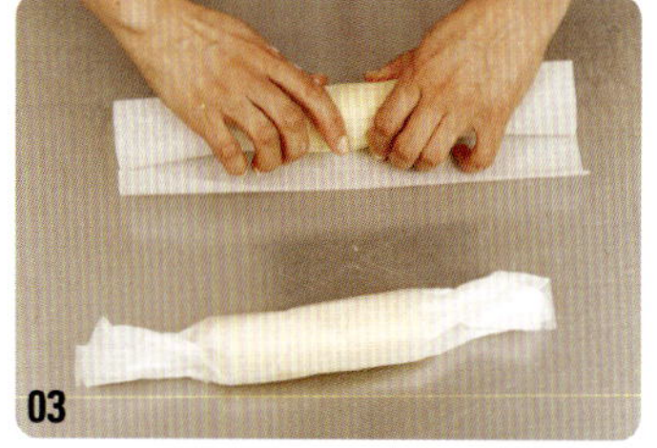

무화과는 단백질과 섬유질이 많은 알칼리성 건강식품이에요. 또 비타민과 미네랄도 많이 들어 있고 위장병에도 효과가 있답니다.

쿠키 아줌마의 족집게 노하우!

1. 쿠키 윗면에 엷은 갈색이 나면 다 구워진 것입니다. 정해진 쿠킹 시간도 중요하지만 처음에는 구워지는 것을 자주 들여다보며 시간을 조절하는 것이 좋습니다.

2. 한번 만든 아몬드크림은 냉장고에서 일주일 정도 보관했다가 다시 쓸 수 있습니다.

오트밀사과쿠키

사과 3개   설탕 $\frac{1}{2}$작은술   계핏가루 $\frac{1}{4}$작은술   버터 1컵(225g)   설탕 4큰술(50g)
황설탕 $\frac{3}{4}$컵(150g)   달걀 2개   바닐라오일 2작은술   박력분 $1\frac{1}{4}$컵(150g)
베이킹소다 1작은술   소금 $\frac{1}{4}$작은술   너트메그 $\frac{1}{2}$작은술   오트밀 3컵(300g)

만들기

01. 사과를 잘게 썰어 설탕, 계핏가루와 함께 냄비에 넣고 사과가 부드럽고 물기가 없어질 때까지 졸여 식힌다.

02. 상온에 두었던 버터를 거품기로 풀고 설탕과 황설탕을 넣어 가며 크림 상태로 만든다.

03. 여기에 달걀을 1개씩 넣고 바닐라오일을 첨가해 가며 잘 섞는다.

04. 박력분, 베이킹소다, 소금, 너트메그를 체 쳐서 3에 넣어 가볍게 섞는다.

05. 4에 오트밀과 사과 졸인 것을 넣고 살살 섞은 다음 팬 위에 숟가락으로 떠 놓아 180℃로 예열한 오븐에 넣어 10~12분 정도 굽는다.

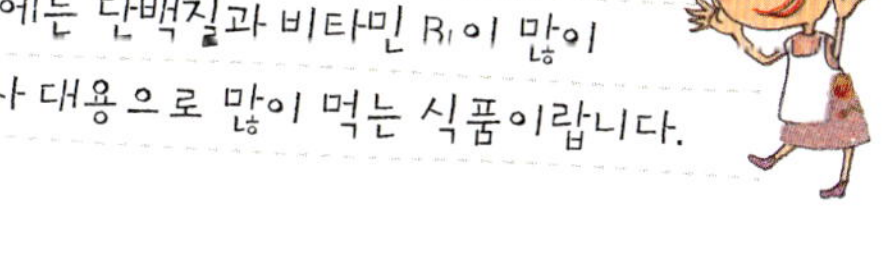

오트밀은 귀리를 볶아 가루로 만든 것도 있고, 압착하여 만든 납작한 모양도 있어요. 오트밀에는 단백질과 비타민 B_1이 많이 들어 있어 미국에서는 아침식사 대용으로 많이 먹는 식품이랍니다.

쿠키 아줌마의 족집게 노하우!

졸인 사과를 넣기 때문에 잘 눅눅해집니다. 보관했다가 먹을 때는 다시 한 번 살짝 구우면 바삭해진답니다.

레몬바

- **시트 재료**　분당 $\frac{1}{3}$컵(40g)　박력분 1$\frac{1}{2}$컵(180g)　소금 $\frac{1}{2}$작은술
　버터(잘게 썰어 놓은 것) $\frac{2}{3}$컵(150g)
- **토핑 재료**　달걀 4개　설탕 1컵(200g)　레몬 껍질 1개분　레몬주스 $\frac{1}{2}$컵(120g)
　생크림 $\frac{3}{4}$컵(180g)　분당 약간

시트 만들기

01. 분당, 박력분, 소금을 체에 쳐서 섞는다.
02. 잘게 썰어 놓은 버터에 가루 재료를 넣고 커터기로 살짝살짝 돌려 반죽이 굵은
　　빵가루처럼 고슬고슬하게 되도록 만든다(커터기가 없을 때는 스크레이퍼를 이용
　　해 다지듯이 섞어 주거나 거품기의 삐죽한 날을 이용해 버터를 자르듯이 반죽한다).
03. 고슬고슬한 반죽을 기름칠한 알루미늄 도시락 3개에 담아 손바닥으로 꾹꾹 눌
　　러서 평평하게 편다.
04. 180℃로 예열한 오븐에 넣어 15~20분 정도 가장자리가 연한 갈색이 날 때까
　　지 굽는다.

토핑 만들기

05. 시트가 구워지는 동안 볼에 달걀, 설탕을 넣고 거품기를 저속으로 잘 섞일 때
　　까지 젓는다. 이때 거품을 내면 구울 때 부풀었다가 꺼져서 오히려 모양이 예
　　쁘지 않게 되므로 재료가 섞일 정도로 가볍게 저어 주면 된다.
06. 여기에 레몬 껍질 다진 것과 레몬주스를 넣어 섞는다.
07. 생크림을 살짝 거품 내어 6에 섞는다.
08. 시트가 다 구워지면 오븐에서 꺼내 뜨거울 때 7의 토핑을 살살 붓고 잘 편 다음
　　다시 170℃의 오븐에서 40분가량 굽는다.
09. 다 구워지면 팬에서 완전히 식힌 뒤 분당을 뿌리고 적당한 크기로 자른다.

레몬바에는 비타민 C가 많이 들어 있어 어린이 간식으로 아주 좋은 쿠키랍니다.

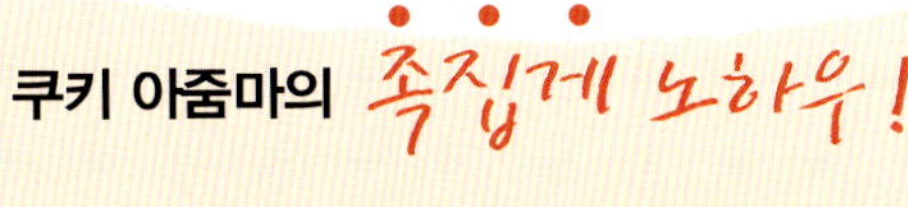

쿠키 아줌마의 족집게 노하우!

1. 미국에 있을 때 친한 가족들과 저녁모임을 할 때면 자주 만들어 갔던 후식 중 하나입니
　다. 아무래도 느끼한 음식으로 배부르게 식사를 하고 나면 산뜻한 후식이 생각나는데, 이때 레
　몬 맛이 상큼하고 개운한 마무리를 해 줍니다.

2. 시트를 굽고 꺼낸 후 오븐은 켜 놓은 채로 두었다가 바로 토핑을 붓고 다시 굽습니다.

크림치즈와 호두를 얹은 건강 쿠키바
아몬드 오렌지당근바

- **시트 재료**　버터 ⅓컵(75g)　설탕 ¼컵(50g)　박력분 1¼컵(150g)　소금 약간
오렌지 껍질 1개분
- **필링 재료**　당근 작은 것 1개(160g)　버터 6큰술(90g)　설탕 ⅓컵(70g)　달걀 2개
럼주 ½작은술　아몬드가루 1½컵(175g)
- **토핑 재료**　크림치즈 ¾컵(175g)　다진 호두 2~3큰술

만들기

01. 당근을 채 썰어 끓는 물에 살짝 데쳐서 식힌 뒤 잘게 다진다.
02. 커터기를 이용해 시트의 모든 재료를 섞어 고슬고슬하게 반죽한 다음 기름칠
한 팬(28×18㎝) 또는 알루미늄 도시락 2개에 담아 꾹꾹 눌러 준다.
03. 상온에 두었던 버터를 거품기로 풀고 설탕을 넣어 가며 크림 상태로 만든다.
04. 3에 달걀과 럼주를 넣고 잘 섞는다.
05. 4에 체 친 아몬드가루와 다진 당근을 넣고 섞은 다음 2의 시트 위에 골고루 펴
바른다.
06. 190℃로 예열한 오븐에 넣어 25분 정도 굽는다.
07. 다 구워지면 오븐에서 꺼내 완전히 식힌 뒤 상온에 두었던 크림치즈를 부드럽
게 저어서 바르고 살짝 구운 호두를 뿌린다.

01

02

05

07

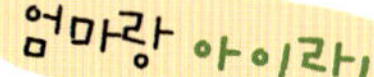

크림치즈는 우유와 크림을 섞어 만든 치즈예요. 숙성이 되지 않아
맛이 부드럽고 약간 신맛이 납니다. 크림치즈는 상온에서 쉽게
상하기 때문에 냉장고에 보관하고 빨리 먹어야 한답니다.

쿠키 아줌마의 **족집게 노하우!**

토핑용 호두는 180℃에서 5분 정도 살짝 구워 식혀서 사용하면 더 좋습니다.

사과컵케이크

사과 3개   설탕 $\frac{1}{2}$컵(100g)   피칸 또는 호두 1컵(100g)   박력분 $2\frac{1}{2}$컵(300g)
베이킹소다 2작은술   계핏가루 1작은술   소금 1작은술   달걀 2개   식용유 1컵(200g)

만들기

01. 사과를 큼직하게 잘라 설탕에 잘 버무린다.
02. 피칸이나 호두를 손으로 대충 자른다.
03. 박력분, 베이킹소다, 계핏가루, 소금을 체에 쳐서 섞는다.
04. 달걀을 풀어 거품기로 충분히 저은 뒤 식용유를 조금씩 넣어 가며 잘 섞는다.
    이렇게 하면 걸쭉한 마요네즈 같은 상태가 된다.
05. 여기에 1, 2, 3을 차례대로 살살 섞는다(순서를 잘 지킬 것).
06. 완성된 반죽을 숟가락으로 컵케이크 틀에 떠 넣고, 180℃로 예열한 오븐에 넣
    어 35~40분 정도 굽는다.

사과의 크기는 취향에 따라 크게 혹은 작게 자르면 돼요. 난 약간
작게 자르는 것을 좋아해요.

쿠키 아줌마의 족집게 노하우!

1. 사과는 새콤한 홍옥 같은 것이 좋습니다.

2. 사과를 크게 썰면 먹음직스러워 보이나 빵이 잘 부스러집니다.

3. 미국에서 어느 할머니에게 사과케이크를 배울 때였습니다. 할머니가 사과 껍질을 깎으라고 감자 깎
   는 필러를 주셨는데, 필러를 사용하지 않고 과도로 사과를 깎았더니 신기한 듯 바라보더군요. 과도로
   사과껍질이 끊기지 않게 깎는 모습이 미국인에게는 무척이나 경이로웠나 봅니다. 이것 역시 한국인의
   자랑스러운 손기술 중 하나겠지요?

계피쿠키

버터 $\frac{1}{2}$컵(113g)   설탕A 2큰술(25g)   황설탕 2큰술(25g)   달걀 $\frac{1}{2}$개
바닐라오일 $\frac{1}{2}$작은술   박력분 1컵과 $\frac{1}{2}$작은술(135g)   베이킹파우더 $\frac{1}{2}$작은술
소금 $\frac{1}{4}$작은술   호두 $\frac{1}{2}$컵(50g)   설탕B 2큰술(25g)   계핏가루 $\frac{3}{4}$작은술

만들기

01. 상온에 두었던 버터를 거품기로 풀고 설탕A, 황설탕을 넣어 가며 크림 상태로 만든다.
02. 여기에 달걀과 바닐라오일을 넣고 섞는다.
03. 박력분, 베이킹파우더, 소금을 체에 쳐서 섞는다.
04. 호두를 다진다.
05. 2에 3과 4를 넣어 대충 섞은 다음 기다랗게 모양을 만들어 유산지에 싸서 냉동실에 넣어 둔다.
06. 굳은 반죽을 꺼내 유산지를 떼어 내고 설탕B, 계핏가루 섞은 것을 가장자리에 묻힌 뒤 얇게 썬다.
07. 200℃로 예열한 오븐에 넣어 12~15분 정도 굽는다.

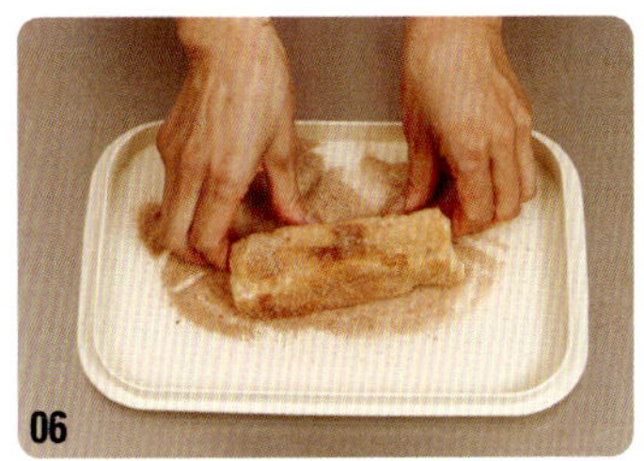

설탕과 계핏가루를 묻힐 때 쿠키의 앞면에 묻지 않도록 조심해야 해요. 앞면에 가루가 묻으면 쿠키가 지저분해 보인답니다. 가장자리에만 묻혀 주세요.

쿠키 아줌마의 족집게 노하우!

1. 냉동실에 오래 두면 너무 딱딱해져서 잘 안 썰어집니다. 이때는 상온에 꺼내 10분가량 두었다가 썰면 부서지지 않고 깨끗하게 자를 수 있습니다.

2. 사진만 보면 식빵같이 생겼지만, 식빵보다 훨씬 작습니다. 계피 향이 은은하고 적당히 바삭거리는 맛이 괜찮습니다.

크림치즈크루아상쿠키 

- **쿠키 재료**　　버터 $\frac{1}{2}$컵(113g)　크림치즈 $\frac{1}{2}$컵(113g)　설탕 1작은술　박력분 1컵(120g)
- **필링 재료**　　호두 다진 것 $\frac{1}{2}$컵(50g)　황설탕 $\frac{1}{4}$컵(50g)　계핏가루 $\frac{1}{2}$작은술
- **글레이징 재료**　　달걀흰자 $\frac{1}{2}$개　물 $\frac{1}{2}$큰술

만들기

01. 상온에 두었던 버터와 크림치즈를 거품기로 풀고 설탕을 넣어 가며 크림 상태로 만든다.
02. 여기에 체 친 박력분을 넣고 살살 섞는다.
03. 반죽이 날밀가루가 안 보이게 되면 공 모양으로 뭉쳐 비닐봉지에 넣은 다음 다시 납작하게 눌러 30분 정도 냉장고에서 숙성시킨다.
04. 반죽이 숙성되는 동안 필링 재료를 한데 섞는다.
05. 숙성된 반죽을 꺼내 지름 25㎝ 정도로 밀어 피자 모양으로 동그랗게 만든다.
06. 그 위에 달걀흰자와 물을 섞은 것을 바르고 필링을 얹는다.
07. 필링이 다 되었으면 16등분해서 크루아상 모양으로 만든다.
08. 그 위에 달걀물을 다시 바른 다음 설탕을 솔솔 뿌린다.
09. 190℃로 예열한 오븐에 넣어 15~20분 정도 굽는다.

05

06

07

08

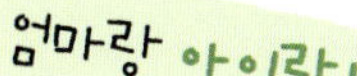

크루아상은 삼각형 모양의 반죽을 동그랗게 말아 구운 빵이에요.
프랑스 사람들이 아침식사로 즐겨 먹는 대표적인 빵이지만 처음
만들어진 곳은 오스트리아라고 합니다.

쿠키 아줌마의 족집게 노하우!

1. 반죽을 밀 때 비닐 혹은 유산지 같은 것을 깔고 밀면 붙지 않아서 좋습니다.

2. 유산지가 없을 때는 덧가루를 뿌리고 밀면 됩니다. 덧가루를 쓸 때는 강력분을 사용하세요. 박력분은 잘 뭉치기 때문에 불편하답니다.

쿠키를 만들 때 꼭 필요한 지식

오븐에서 쿠키를 구울 때 주의할 점

쿠키는 반죽하는 것도 중요하지만 적당한 온도에서 적당한 색이 나기까지 구워 내는 것이 더 중요합니다. 레시피마다 오븐의 온도와 시간이 정해져 있지만 각자의 오븐마다 온도가 약간씩 다르고, 팬이 돌아가는 기능이 있느냐에 따라서도 굽는 시간이 조금씩 달라지기 때문입니다. 쿠키는 팬 기능이 있는 오븐에서 굽는 것이 시간도 덜 걸리고 색과 모양이 잘 나옵니다.

1. 한 오븐 안에서도 쿠키의 위치에 따라 구워지는 정도가 다르다. 일반적으로 가운데보다는 가장자리에 놓은 것이 색이 먼저 나기 시작한다. 그래서 약간 크고 작은 것이 있다면 작은 것을 가운데 쪽에 두는 것이 좋다. 또한 오븐의 종류에 따라 먼저 익기 시작하는 쪽이 다르므로 자기 오븐의 특성을 파악하는 것이 중요하다.
2. 쿠키를 구울 때 실패하지 않는 요령 중 하나는 중간 단에서 한 단씩 구워 내는 것이다. 두 단을 같이 구울 때는 가스오븐의 경우에는 밑에만 불이 있으므로 아랫단 바닥 쪽이 먼저 탈 수가 있고 전기 오븐은 위쪽의 색이 먼저 나기 시작한다. 그래서 살펴보다가 위 혹은 아래, 어느 한 쪽의 색이 약간 나기 시작하면 위 아래 단을 바꿔 준다. 바꿀 때 이왕이면 좌우도 바꾸는 것이 좋다. 오븐에 따라 좌우의 온도도 약간씩 다르기 때문이다.
3. 너무 일찍 바꿔 주면 또다시 바꿔야 할 경우가 생겨서 오븐 문을 자꾸 열게 되므로 한 번만 바꿀 수 있도록 시간을 조절한다.
4. 쿠키 굽는 시간은 보통 10~15분 정도이다. 그러니까 처음 구울 때는 지켜보는 것이 실패할 확률이 적다. 몇 번 시행착오를 거치다 보면 자기 오븐에 대한 노하우가 생길 것이다. 자, 이제 실패를 두려워 말고 용기 있게 도전하자!

재료의 무게와 부피 환산표

많이 사용하는 재료의 부피와 무게를 환산해 보았습니다.
제 레시피에는 두 가지를 다 기재해 놓았는데 컵으로 할 때와 무게로 할 때 약간의 차이는 있습니다. 정확한 환산이 어려운 것도 있기 때문입니다. 하지만 쿠키를 만드는 데는 전혀 지장이 없을 만큼 미미한 차이이니 걱정하지 마세요.

	1컵	$\frac{1}{2}$컵	$\frac{1}{3}$컵	$\frac{1}{4}$컵	1큰술	1작은술
밀가루	120g	60g	40g	30g	8g	
건포도	160g			40g		
꿀	320g			80g	20g	
검은 깨				32g	8g	
녹차가루					7g	
달걀흰자	1개 30~35g					
노른자	1개 15~18g					
당근						
마요네즈						
물엿	320g	160g	80g	80g	20g	
분당	120g	60g	40g	30g	8g	
버터	225g	113g	75g	56g	14g	
식용유	200g	100g			13g	
생크림	240g	120g	80g	60g		
설탕	200g	100g	70g	50g	13g	
살구	200g			50g		
우유	240g	120g	80g	60g	15g	5g
연유	320g	160g	110g	80g	20g	
옥수수전분	120g	60g	40g	30g	8g	
플레인요구르트	240g	120g	80g	60g		
아몬드가루	100g	50g	35g	25g		
슬라이스아몬드	80g	40g		20g		
오트밀	100g	50g	35g	25g		
오렌지필	240g	120g	80g	60g		
옥수수가루	120g	60g	40g	30g	8g	
초콜릿 다진것	160g	80g	55g	40g		
초콜릿칩	160g	80g	55g	40g		
찹쌀가루	100g	50g	35g	25g		
크림치즈	225g	113g	75g	56g		
코코넛가루	80g	40g		20g		
슬라이스코코넛	65g	35g		17g		
콤비콘	140g	70g		35g		
코코아가루	75g	40g	25g	20g	5g	
호두	100g	50g		25g		
해바라기 씨	140g	70g		35g		

초코칩쿠키(칙촉),
과일칩쿠키(과일칙촉)

난 살이 찔까 봐 쿠키 종류를 멀리하려고 노력한다. 그런데 이 쿠키는 이상하게 손이 간다. 씹히는 맛이 촉촉하고 쫀득거리는 것이 참 신기하다. 처음에는 초코칩이 들어간 것을 먹었는데 너무 달고 칼로리도 높을 것 같았다. 그래서 아내에게 초코칩 대신 과일을 넣으면 좋겠다고 했다. 다음 날 과일칩을 넣은 쿠키를 구워 주었는데 훨씬 입맛에 맞았다. 마른 과일을 럼주에 담가 놓은 것이란다. 난 아내에게 물었다. 이런 경우 이 레시피의 저작권은 나에게 있는 것이 아닌가? 하지만 아내의 대답은 단호했다. 음식을 만드는 것에는 저작권이 없단다. 김치찌개에 저작권이 없는 것처럼. 정말일까?

바나나컵케이크

베이킹을 할 땐 가족들이 도와줄 만한 일이 별로 없는데, 이 케이크를 만들 때는 가족들이 손을 보탤 수 있다. 바로 바나나 으깨기. 포테이토 매셔라는 것을 사용하면 TV를 보면서도 잘 으깰 수 있다. 바나나 으깨기, 정말 재미있다.

포피시드컵케이크

약 7~8년 전 학회 참석차 미국에 갔을 때, 아내로부터 몇 가지 베이킹 재료를 사 오라는 부탁을 받은 일이 있다. 바쁜 일정 때문에 돌아오기 전날 저녁에야 겨우 시간을 내서 월마트에 가게 되었다. 포피시드는 조그만 후춧가루 병 같은 데 들어 있었다. 많이 팔리는 물건이 아니라 월마트 같은 곳에도 10병 정도밖에 없었다. 난 그곳에 있는 포피시드를 몽땅 샀다. 그러자 계산대의 점원이 이상한 눈으로 쳐다보았다. 혹시 그때 그 점원이 이런 생각을 하지는 않았을까? "이거 마약 아닌데……"

피칸바

베이킹을 시작하는 사람이 제일 먼저 하는 것 중 하나가 피칸이나 호두를 넣은 파이 만들기인 것 같다. 어느 여의사 댁을 방문한 적이 있었는데, 직접 만든 것이라면서 호두파이를 자랑스럽게 내놓았다. 초보자가 그런 작품(?)을 만들었으니 내심 얼마나 뿌듯하셨을까? 그런데 그만 실수를 저질렀다. 피칸은 호두보다 비싸지만 떫은맛이 덜하다, 파이크러스트는 파는 것보다 만들어 먹는 게 더 맛있다 등등 아는 척을 하고 말았던 것이다. 서당 개 3년 만에 어깨너머로 보고 귀동냥으로 들은 것이 그만 탈을 낸 것이다. 그분은 무척 당황해하셨는데, 지금 생각해 봐도 참으로 경솔한 행동이었다.

피넛버터브라우니

브라우니는 미국 사람들이 좋아하는 케이크다. 후식으로도 먹고, 간식으로도 먹고. 그것도 굉장히 달게 먹는다.
미국에 있을 때 실험실의 여직원이 브라우니를 만들어 와서 함께 먹었는데 너무 달다는 점만 빼고는 꽤 맛있어서 레시피를 얻어 왔다. 집에서는 레시피보다 설탕의 양을 반으로 줄여서 만들어 보았는데 그래도 달았다. 설탕의 양의 ⅓로 줄였더니 그제야 입맛에 맞는 것 같았다. 모든 미국 사람들이 다 그런 것은 아니지만, 그렇게 달게 먹으면서도 마지막 음료수는 꼭 '다이어트콕'을 주문한다. 차라리 후식이라도 조금 덜 먹으면 좋으련만.

황치즈 과자

남편들은 아내가 만든 요리는 무엇이든 칭찬해 주어야
할 의무가 있다고 생각한다. 황치즈가 뭔지는 나도 잘
모른다(사실은 냄새가 좀 역겹다). 그런데 황치즈가루가
들어간 쿠키나 케이크는 보통 치즈를 넣었을 때와 달
리 특유의 향과 함께 맛 또한 아주 좋다. 혹시 아내가
그런 과자나 케이크를 만들었을 때는 가장 행복한 표
정을 지으며 이렇게 말해야 한다.
"은은한 황치즈의 맛과 향이 아주 좋아. 딱 당신 분위
기야."

코코넛마카룬

콜레스테롤, 슈거, 지방 등은 몸
에 안 좋은 것으로 알려진 성분이다.
그런데 문제는 그런 성분이 많이 들어 있을수록 맛
이 좋다는 점이다. 코코넛마카룬은 나 같은 고민을
하는 사람들에게 권할 만한 과자. 버터와 달걀 대
신 연유를 사용하기 때문에 고소하고 달짝지근하다.
코코넛이 몸에 어떻게 좋은지는 잘 모르지만, 하여
튼 코코넛이 들어 있어 씹히는 맛도 좋고 왠지 몸에
도 좋을 것 같다. 왔다 갔다 하면서 자꾸 집어 먹게
된다.

티라미수쿠키

티라미수쿠키를 만들 때 칼루아라는 술을 사용하기도
한다. 또, 제과 제빵을 할 때는 칼루아 말고도 코앵트로
와 럼주 그리고 와인을 쓰기도 한다. 아내가 베이킹을
처음 할 때는 럼주 대신 집에 있는 양주를 사용하기도
했다. 어느 날 장식장을 보니 아까워서 마시지도 않았던
21년짜리 양주 병이 거의 비어 있는 게 아닌가. 술에 대
해 잘 모르는 아내가 빵 만들 때 야금야금 써 버린 것이
었다. 코냑을 사용하는 경우도 있었는데, 그때도 꼭 비
싼 코냑만 골라 썼다. 이제는 더 이상
그런 실수를 하지 않지만, 처음에
는 너무 황당해 눈물이 날 정도
였다.

레몬 바

사실 우리 집에서는 좀 질리다 싶을 정도로 먹었던 후
식이다. 그래도 별로 물리지 않는 후식이다. 특히 작은
애가 아주 좋아하는데, 어떤 때는 아침으로 먹기도 한
다. 아무래도 후식이라서 좀 달 듯싶은데, 아침부터 먹
어 대는 것을 보면 신기할 뿐이다.

계피 쿠키

사진만 보면 식빵처럼 생겼지만, 식빵보
다 훨씬 작다. 계피 향이 은은하고, 적
당히 바삭거리는 맛이 괜찮다.